「なぜ薬が効くのか？」を超わかりやすく説明してみた

山口悟
Satoru YAMAGUCHI

ダイヤモンド社

〈はじめに〉

　薬は、病院や薬局、ドラッグストアなどで手に入ります。

　薬剤師から薬を渡される際には、薬の効果や用法用量、副作用などの注意事項の説明を受けるでしょう。また、他の薬を飲んでいるかどうか、飲み合わせの確認も受けるはずです。どんな薬を使ってきたのか、現在どのような薬を使っているのかを確認するために、お薬手帳を使っている方も多いのではないでしょうか。

　これらは、患者さんが正しい方法で安全に薬を使い、その効果がきちんと発揮されるため、そして服用するにあたって危険が潜んでいないか確認するために行なわれています。

　しかし、薬剤師から薬が体内でどのようにはたらいているのか、そのしくみまで説明されることはないでしょう。医薬品には説明書が付いてきますが、そこにもくわしいことは書いていません。インターネットで探してみても、なかなか専門的で難しい内容が多いと思います。

　そこで、体の中で薬がどのようにして効いているのか、そのしくみをわかりやすく説明した本を書くことにしました。

　そのメカニズムを一から勉強するのは難しいことだと思います。「薬理学」という、「化学」や「生物」などを土台とし、ときには数式も扱う、なかなか難しい分野です。

　私は薬学部で初めて薬理学を学びましたが、習得するのに苦労した記憶があります。

　とはいえ、一冊の本にしてわかりやすく記述すれば、説明することも可能なのでは……と思って本書を書き進めました。

　なお、本書は、私が化学を専門にしてきた背景をもつため、とくに化学

の視点から解説することにしました。化学は、直接目で見ることはできない、原子や分子の世界で物事を考える学問です。

　私たちの体は、そのような小さなものから構成されています。そして、薬も多くの場合、原子から成り立っている分子です。

　薬が効果を発揮するメカニズムを、ミクロな視点で見ていきましょう！

　先述のように薬理学は化学だけでなく生物の知識も必要な学問です。なので、中学理科の化学と生物の予備知識があれば読めるように心がけました。

　もちろん、この本の中でも基本的なところを復習していきます。

　第1章では「化学」と「生物」の基礎的な内容をおさらいしつつ、薬の有効成分がどれくらいの大きさなのか、どう吸収されるのかなど、基本的な事項を見ていきます。

　第2章からは、シンプルなしくみの薬から、少し複雑なメカニズムをもつものまで、さまざまな医薬品とその成分について説明していきます。かぜ薬や胃腸薬、花粉症に効く薬など、一度は見かけたり服用したりしたことのある医薬品が登場するはずです。

　第8章以降は、さらに難しい内容も含まれています。他の病気とは大きく異なる性質をもつがんや、原因がよくわかっていない自己免疫疾患に対して薬が効果を示すために、どのようなアプローチがなされているかを紹介します。

　これまで知る機会のなかった「薬のしくみ」について、目に見えない体の中を想像しながらひもといていきましょう。

目次

はじめに …………………………………………………………………… 2

第1章 薬が効くまでの道のり

1 薬が効果を発揮するには？ ……………………………………………… 8
2 目に見えない、薬の「ほんとうの大きさ」………………………… 10
3 飲んだ薬の「行き先」……………………………………………………… 14
4 薬の効き目を左右するタンパク質 …………………………………… 16
5 「酵素」のはたらきをコントロールする ……………………………… 18
6 情報を伝える「鍵穴」……………………………………………………… 21
　Column ギザギザ、二重線……？　構造式の見方 ……………………… 25

第2章 「発熱」と「痛い」はなぜ起こるのか

1 薬局で買える薬と買えない薬 …………………………………………… 30
2 発熱と痛みのメカニズム ………………………………………………… 31
3 胃薬が一緒に処方されるのはなぜ？ ………………………………… 39
4 「ナノメートル」の差で副作用を防ぐ ………………………………… 42
5 痛み止め同士を比べてみると……？ ………………………………… 44
6 しくみが異なる「アセトアミノフェン」……………………………… 51
7 半分はやさしさでできている？ ……………………………………… 58
　Column 妊娠中、授乳中に薬を飲むとき、注意することは？ ………… 64

第3章 アレルギーの鍵穴を埋める

1 侵入した異物と戦う細胞たち …………………………………………… 66
2 鼻水やくしゃみが止まらない理由 …………………………………… 71
3 ヒスタミンを「ブロック」！ …………………………………………… 74
4 眠くなりづらい薬は「水になじみやすい」………………………… 77
　Column 注意したい薬の飲み合わせ ………………………………………… 83

第4章 体を襲う菌・ウイルスと戦う

1 細菌とウイルスの違い …………………………………………………… 86
2 抗菌薬のしくみ …………………………………………………………… 93
3 耐性菌が自分を守るしくみ …………………………………………… 102
4 抗ウイルス薬のしくみ ………………………………………………… 104
5 感染前に予防する ……………………………………………………… 112
　Column 食前、食後……薬を飲むタイミングで何が変わる？ ……… 118

第 **5** 章　生活習慣病を化学する

1　糖尿病の「糖」はブドウ糖 ……………………………………………122
2　糖尿病治療薬のしくみ …………………………………………………127
3　高血圧とは、どういう状態？ …………………………………………144
4　高血圧治療薬のしくみ …………………………………………………147
5　コレステロールや中性脂肪を抑える …………………………………157
6　コレステロールや中性脂肪を減らす４つのしくみ …………………164
　　Column　飲み物が与える薬への影響 ………………………………170

第 **6** 章　じつは奥深い胃腸薬の世界

1　胃酸を抑えるメカニズム ………………………………………………172
2　胃酸の中を生き抜く菌を倒す …………………………………………178
3　腸をなだめよう …………………………………………………………182
4　便に水を吸ってもらうには ……………………………………………187
　　Column　食べ物が与える薬への影響 ………………………………190

第 **7** 章　より安全な精神科の薬はどうやって生まれたか

1　睡眠薬でもあり、抗不安薬でもある …………………………………192
2　ベンゾジアゼピン系薬に残る課題 ……………………………………198
3　睡眠のしくみへダイレクトに …………………………………………201
4　不安が生まれないようにする薬 ………………………………………204
5　抗うつ薬のしくみ ………………………………………………………206

第 **8** 章　倒すべきは自分由来の細胞

1　がんの「アクセル」と「ブレーキ」 …………………………………212
2　「DNA」の中を覗いてみると …………………………………………215
3　DNA を標的に ……………………………………………………………219
4　がん細胞の特徴的な「分子」とは ……………………………………227
5　免疫チェックポイント阻害薬 …………………………………………232

第 **9** 章　自分を守るはずの免疫が、病気の原因に

1　自己免疫疾患とは ………………………………………………………236
2　バセドウ病 ………………………………………………………………238
3　関節リウマチ ……………………………………………………………243

おわりに ……………………………………………………………………247
参考文献 ……………………………………………………………………249

本書は薬のしくみについて、科学的視点から解説したものです。医薬品の効き目やその再現性を保証するものではありません。著者及び出版社は一切の責任を負いかねます。薬を服用する場合には、医師または薬剤師に相談してください。

第 **1** 章

薬が効くまでの道のり

この章でわかること

☑ 薬が病気を治したり症状を改善したりする、基本的なしくみ

☑ 錠剤に含まれる薬の有効成分の大きさ

☑ 飲んだ薬がどうやって患部にとどくのか

☑ 効く過程に大きく関わる、酵素・受容体とは？

1 | 薬が効果を発揮するには？

　普段、皆さんは薬を飲んだり注射をされたりすることによって、その成分を体内に取り入れています。その後、薬は血流に乗って全身にまわり、患部に届くことで効果を発揮するのです。

　では患部で何が起こり、薬の効果が発揮されているのでしょうか？

「薬」と「タンパク質」の切っても切れない関係

　その答えは、「**薬がタンパク質に結合する**」です。

　「人間の体は半分以上を水が占める」とよくいわれます。その残りの成分の多くにはタンパク質が含まれています。タンパク質は体を構成するためにとても大切なものなのです。

　薬は、病気に応じて体内の特定のタンパク質に結合します。そして、そのタンパク質のはたらきを強めたり弱めたり、完全に停止させたりして、体に影響を与えるのです。

　簡単にまとめると、次の3ステップです。

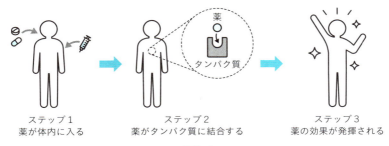

図1-1

　薬が効果を発揮するしくみを知ることは、薬とタンパク質の関連性を知ることということもできます。

2 目に見えない、薬の 「ほんとうの大きさ」

体のパーツを化学的に見てみると

　まずは薬の成分が、私たちの体の中でどのくらいのスケールなのか、化学の視点で細かく見ていきましょう。

　世の中の物質は「原子」からなります。
　私たちの体も、もちろん薬も、原子で構成されています。
　体を構成する主要な原子は、炭素原子（C）、水素原子（H）、酸素原子（O）、窒素原子（N）、リン原子（P）などです。

　原子同士がいくつか結合すると、「分子」になります。シンプルなものだと水（H_2O）や酸素（O_2）、二酸化炭素（CO_2）などが挙げられます。

　体の中には、もう少し複雑で大きな分子も存在します。とくに大事なのは「アミノ酸」です。なぜなら、アミノ酸は体にとって重要なタンパク質を構成する成分だからです。ということは当然、タンパク質はアミノ酸よりも大きなものです。

　さらに大きなものとして「細胞」が挙げられます。人間にかかわらず、生命体は細胞が集まってできています。その数はおよそ37兆個にもなるそうです。
　細胞は英語で「cell」といい、人間はおもに「リン脂質」という成分でできた膜（＝細胞膜）で区切られています。cellは、もともとは「小さな部屋」という意味ですが、実際の細胞には部屋のような形をしているもの

もあればそうでないものもあり、種類や役割も多岐にわたります。

　この細胞が集まって特定の形と働きをもつようになると、組織と呼ばれます。

　体や内臓の表面を覆う「上皮組織」、筋肉をつくる「筋組織」、脳や脊髄など情報を伝達する「神経組織」、骨や軟骨、腱や靭帯など体を支える「支持組織」に分類されています。

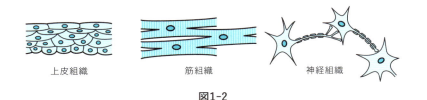

図1-2

　そして、組織がいくつか集まると器官と呼ばれます。こちらもやはり特定の形とはたらきをもちます。

　具体的には、脳・目・鼻・口・肺・心臓・血管・腎臓など、体を形作るあらゆるパーツのことで、いずれもそれぞれが特有の形と機能をもっています。

1錠の薬に含まれているものは？

　さて、今回のテーマである「薬の大きさ」はどれくらいなのでしょうか。普段、粉末や錠剤、カプセルなどの医薬品を服用していますが、効き目をもっているのは、その中の「有効成分」です。

　有効成分の多くは、図1-3に示した「イブプロフェン」のように数種類の原子が数十個くらい結合したものです（薬によっては百個以上のものもあります）。

11

というわけで、基本的に薬は水などのシンプルな分子よりは大きく、タンパク質よりは小さなサイズになります。

図1-3

医薬品には有効成分以外に何が含まれているの？

例えば「賦形剤」だよ。薬全体の容量を増やすために使われるんだ。乳糖やデンプンなどが成分として含まれているよ

何のために入れているの？

有効成分が微量過ぎると、錠剤や粉末などの形を整えにくく、服用もしにくいから、体への影響が少ない成分を加えているんだ

下に大きさの関係を示しますので、大小をイメージしてみましょう。

具体的な数値を示しているものもあります（1nm＝0.001μm＝0.000001mm）。ちなみに人間の目で直接認識できるのは100μm（0.1mm）ぐらいからなんですよ。

細胞一つひとつを識別して観察するには、顕微鏡が必要です。

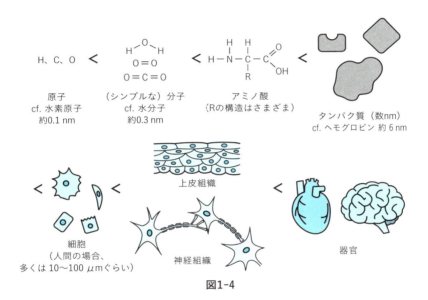

図1-4

なお、最近ではタンパク質ぐらいの大きさの範囲にある薬もたくさん出てきましたので、本書ではそちらについても扱います（第8・9章の抗体薬がそれにあたります）。

3 | 飲んだ薬の「行き先」

口から飲んだ薬が全身で効く理由

　錠剤を飲むと、まずは食道と胃を通り、小腸に到達します。その頃には錠剤は溶けており、有効成分が放出されています。それらはおもに小腸から吸収され血管を通り、肝臓に届けられます。

　肝臓は体外から入ってきた異物を酵素によって無害なものに変換する「解毒作用」をもちます。用法用量を守って服用すれば薬が毒になることはまずありませんが、体にとっては異物なので肝臓の解毒作用を受けてしまいます。

　有効成分の一部はその過程で構造が変換され、効果が失われて排泄されていきます。薬を飲んだとしても、そこに含まれている有効成分の一部は生体内の化学反応によって、すぐに効果を失ってしまうのです。

　一方、酵素による変換を免れて肝臓を通過した有効成分は、血管を通って心臓に入った後、さらに全身に送られます。そして、有効成分は血管の壁を通り抜け、全身の細胞へと到達します。

　意外かもしれませんが、作用してほしい箇所が体のある部分だとしても、薬の有効成分は全身の細胞に行きわたっているのです。

　そして患部に届いた有効成分は標的のタンパク質に作用し、私たちの症状を改善するというわけです。

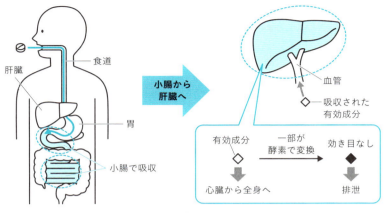

図1-5

健康な部位への影響はない？

　全身の細胞に行きわたると聞くと、「体の悪くないところにも作用してしまうのでは？」などと怖くなってしまうかもしれません。でも、薬の有効成分はその場にとどまるわけではなく、再び血管に入り、肝臓や腎臓を経て最終的には排泄されていきます。

4 | 薬の効き目を左右する タンパク質

体をつくる20種類の「アミノ酸」

　さて、薬の有効成分が結合する「タンパク質」は、どのようなものなのでしょうか？

　よく耳にする言葉だとは思いますが、どんなものなのか説明するのは意外と難しいかもしれません。

　先ほど述べたとおり、タンパク質はアミノ酸で構成されています。アミノ酸とは総称であり、次に示すように多くの種類があります。

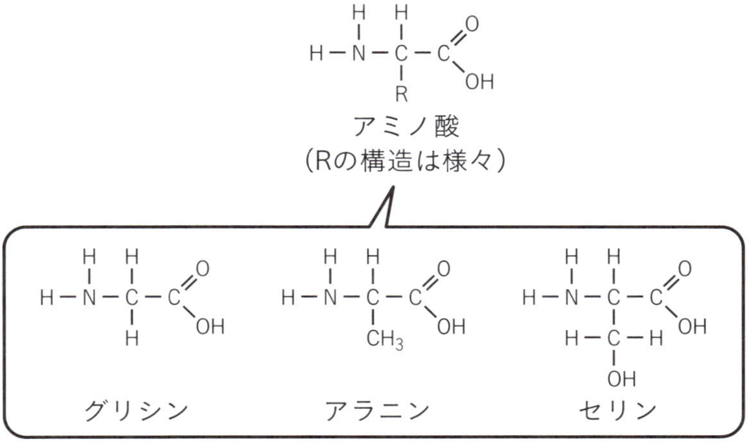

アミノ酸
（Rの構造は様々）

グリシン　　　　　アラニン　　　　　セリン

他にも……プロリン、バリン、ロイシン、イソロイシン、メチオニン、
　　　　　トレオニン、システイン、アスパラギン、グルタミン、
　　　　　フェニルアラニン、チロシン、トリプトファン、
　　　　　リジン、アルギニン、ヒスチジン、アスパラギン酸、グルタミン酸

図1-6

スポーツドリンクやサプリメントの成分表示で見たことがあるものも多いのではないでしょうか。

人のタンパク質を構成するアミノ酸は基本的にこの20種類しかなく、これらが数十〜数百個程度つながって構成されます。組み合わせによって数多くのバリエーションが生じるため、いろいろな種類のタンパク質ができることがわかりますよね。

タンパク質は、私たちの体のいたるところにあり、さまざまな役割を担っています。例えば、髪の毛や爪、そして筋肉や臓器の主要な成分もタンパク質です。

「ケラチン」というタンパク質は髪や爪、皮膚を、「アクチン」や「ミオシン」というタンパク質は、筋肉を構成しています。

このように特定の部位を構成するものだけではありません。赤血球に含まれ酸素と結合する機能をもち、血液中で酸素を運ぶことで有名な「ヘモグロビン」、涙や鼻水に含まれていて抗菌作用をもつ「リゾチーム」などもタンパク質です。

私たちの体内には、このようにさまざまな機能をもつタンパク質が10万種類もあるといわれています。

もちろん人間以外の動物や植物、小さな細菌もタンパク質をもっており、生命にとって欠かせないものなのです。

薬が効果を発揮するのに深く関わっているのもうなずけますよね。

数あるタンパク質の中でも、薬が効く過程に深く関係しているタンパク質は、おもに**「酵素」**と**「受容体」**です。

次節から、それぞれくわしく見ていきます。

5 「酵素」のはたらきを コントロールする

化学反応を引き起こすタンパク質

　まずは酵素について紹介しましょう。

　「酵素」は、体内で起こる化学反応を促進するはたらきをもつタンパク質です。

　例えば、食べ物の消化を促す「消化酵素」がその一種です。糖質、タンパク質、脂質など、食べ物に含まれる栄養素を分子レベルまで分解する消化は、化学反応によって行なわれます。この化学反応を促す酵素が消化酵素というわけです。

　その一種としては、唾液や膵液に含まれていてデンプンを分解する「アミラーゼ」が挙げられます。

　このように、酵素には化学反応を促進するはたらきがあります。それには酵素の構造が関係しています。図1-7が酵素の模式図なので見てください。

　酵素は、一般的に構造の中に「くぼみ」があります。このくぼみに分子が結合すると、化学反応が引き起こされ、

　A　大きな分子が小さな分子に分解される

　B　新たな分子に変換される

　ということが起こります。

　例えるならば、酵素は分子をハサミで切る、もしくは分子を材料に工具で新しいものをつくるものです。

　酵素の種類によって、くぼみの形や大きさは違い、それによって化学反

応を促進する分子が決まっているのです。

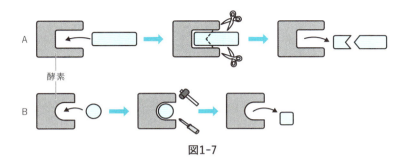

図1-7

次に示したのは、薬の標的になっている酵素の例です。薬の有効成分は、これらの酵素のはたらきを弱めたり停止させたりしています。その結果、症状を抑えることができるのです。

抑制される酵素名	酵素のはたらき	薬の例	薬の効果
アンジオテンシン変換酵素	アンジオテンシンⅡ（血圧を上昇させる物質）の生成	カプトプリル	血圧降下
シクロオキシゲナーゼ	プロスタグランジン（炎症を引き起こす成分）の生成	ロキソプロフェン	炎症を抑制
HMG-CoA還元酵素	コレステロールの生成過程に関与	プラバスタチンナトリウム	コレステロールの生成抑制
ビタミンKキノン還元酵素	ビタミンKの活性化（血液凝固に必要）	ワルファリン	血液の凝固を阻害

薬が酵素に影響を与えるには

それでは、薬の有効成分はどのようにして酵素にはたらくのでしょうか？

一般的に、酵素のくぼみに結合する本来の分子に代わって薬の有効成分が結合することにより、効果を発揮します。

　例として、「アンジオテンシン変換酵素」を見てみましょう。
　これは本来、「アンジオテンシンI」という分子の一部を切断して、血圧を上昇させる物質「アンジオテンシンII」を生成する酵素です（図1-8 A）。
　「カプトプリル」という薬は、この酵素を標的にします。この薬は「アンジオテンシン変換酵素」のくぼみに結合しますが、変換はされません。それによって酵素のくぼみを独占してしまうので、本来できるはずの「アンジオテンシンII」が生成されなくなってしまいます（図1-8 B）。
　ですから、この医薬品を服用すると、血圧の上昇が抑えられるのです。

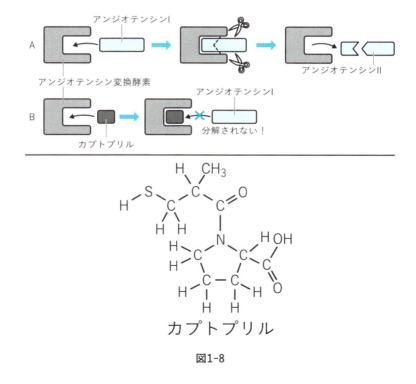

図1-8

6 情報を伝える「鍵穴」

細胞のセンサー役

　続いて、「受容体にはたらきかけることで薬が効く」しくみについて説明します。

　図1-9に示すように、受容体は一般に細胞の膜の部分に存在しています。
　そして、酵素の構造内に存在するくぼみのように、分子が結合する場所があります。
　この場所の形や大きさは受容体の種類によって決まっており、それぞれ特有の分子が結合します。そのため、この関係は鍵と鍵穴のような関係に例えられます（酵素も同様です）。
　受容体の鍵穴に刺さる分子は、刺激を与えて細胞に情報を伝えたり、遮ったりする役割を担っています。分子を通じて、情報が細胞に伝わったり、制御したりして薬の効果が発揮されるのです。

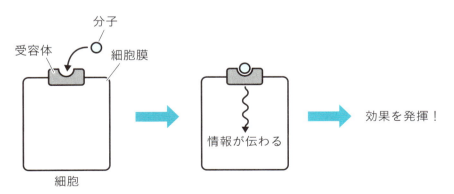

図1-9

イメージしやすい例を挙げると、受容体は味や匂いなどのセンサーとしてはたらいています。
　匂いの場合、鼻に存在する受容体に、匂いを感じさせる分子が結合します。すると、その情報が細胞内に伝わり、最終的に脳に伝わって匂いを感じるのです。

ちょっと難しい話だけど、細胞内の情報は、電気信号やタンパク質、高いエネルギーをもつ物質などを介して伝わっていくよ

受容体が受けた刺激に反応して、細胞内に変化が起こるんだね！

そういうことだよ。細胞には、そのようなしくみが備わっているんだ

　薬に関係するものの例としては、血管や心臓、気管支に影響を与える「アドレナリン受容体」、アレルギーが起こるしくみや胃酸の分泌に関わっている「ヒスタミン受容体」、脳のはたらきや血液の凝固、嘔吐に関係する「セロトニン受容体」など、いろいろな種類があります。それぞれの受容体は、「アドレナリンもしくはノルアドレナリン」「ヒスタミン」「セロトニン」という体内に存在する物質が結合すると、その機能を発揮します。

受容体	機能	結合する物質
アドレナリン受容体	血管・心臓・気管支に影響を与える	アドレナリンor ノルアドレナリン
ヒスタミン受容体	アレルギーが起こるしくみ・胃酸の 分泌に関わる	ヒスタミン
セロトニン受容体	脳のはたらき・血液の凝固・嘔吐に 関与	セロトニン

アレルギー症状のメカニズム

　それでは受容体について、ヒスタミン受容体によって起こるアレルギーの症状を例にして考えてみましょう。

　「アレルギー」と聞いて真っ先に浮かぶのは花粉症ではないでしょうか。どういったメカニズムで花粉症の症状が表れるか、それを薬がどうやって防ぐのか説明していきます。

　まず体内に侵入した花粉（アレルゲン）が引き金となり、マスト細胞という細胞からヒスタミンが放出されます。すると放出されたヒスタミンがヒスタミン受容体に結合し、鼻水やくしゃみを引き起こすための情報が伝えられます。それによって、花粉症の症状が表れるのです（図1-10 A）。

　薬の有効成分（抗ヒスタミン薬）はヒスタミンのようにアレルギーの症状を引き起こす力をもちませんが、ヒスタミン受容体に結合します（図1-10 B）。鍵が鍵穴に入りはするけれど、回らない状態といえます。

　そのため、体内に入った薬の有効成分が、ヒスタミンに代わってヒスタミン受容体に結合すれば、ヒスタミンが受容体に結合するのを防げます。こうして、アレルギー症状が抑えられるのです。

　「ヒスタミンをブロック！」と銘打った広告は、このことをいっていたわけです。

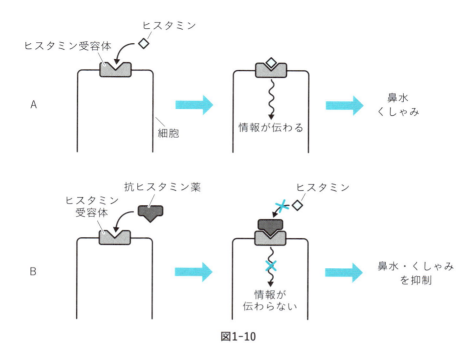

図1-10

　なお、薬の有効成分が結合するタンパク質は、酵素と受容体だけではありません。
　タンパク質には特定の物質を細胞外から内へ（または内から外へ）通すトンネルのようなものもあり、これらも結合する相手になります。これについても後々紹介していきますね。

　それでは、次章から薬が効くしくみをさらにくわしく見ていきましょう。

| Column | ギザギザ、二重線……？　構造式の見方 |

本書では、いろいろな分子の構造を「構造式」の形で紹介していきます（化学式の一種）。

簡単なものなら、例えば「H_2」を「H−H」、「O_2」を「O=O」と書いたものです。結合の様子も含めて、その構造を明らかにした書き方なのです。

ただし、構造式は、よく部分的に省略されます。また、立体的な構造も含めて書き表す場合もあります。

ここでは、それらの表現について、本書でよく出てくるものを紹介しますね。少々専門的な内容なので、読み飛ばしてもらっても構いません。

連続する炭素原子（C）はジグザグの線で表され、水素原子（H）はよく省略される

例(1)(2)……炭素原子を表す「C」がつながっているところは、ジグザグの線として表されていることがあります。このとき、水素原子を表す「H」は表記せずに省略されているところがあります。

第1章　薬が効くまでの道のり

破線やくさび形の線で書かれている結合は、立体的な構造を表現している

例(3)(4)……結合の線が、「破線」や、黒く塗り潰された「くさび形の線」で書かれていることがあります。これは、実線の部分が紙面上にあるとして、前者の結合の先にある「OH」が向こう側を向いていることを(3)、後者の結合の先にある「OH」は手前側を向いていることを意味しています(4)。

(3) 　　[構造式] ＝ [構造式]

(4) 　　[構造式] ＝ [構造式]

この周辺部分をもっと立体的に表したのが、下の模式図です。

破線やくさび形で書かれた結合の根元にある炭素原子（C）を中心として、四面体の構造になっていることがわかると思います。

構造式は平面的に描かれていますが、実際の分子は、このような立体的な構造なのです。

その立体構造によって生体内の分子や薬の効果が異なることが往々にしてあるため、破線やくさび形の線を使って明確に示すわけです。

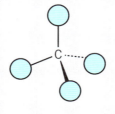
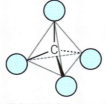
炭素原子を中心とした四面体の構造をとる

正四面体

結合を示す実線の省略

例(5)〜(7)のように、結合を示す実線が省略されていることがあります。細かいところですが、このように簡略化されることが多々あります。

(5) 〜N〜 = 〜N〜
       H   H

(6) 〜SH = 〜S〜H

(7) 〜CO₂H = 〜C〜OH
                  ‖
                  O

その他の省略

例(8)に示した亀の甲羅のような構造は、「ベンゼン」という六角形の分子を表しています。

例(1)(2)で説明したように、炭素原子と水素原子が省略されています。

この構造は、薬の分子によく含まれています。

(8) ⬡ = ベンゼン構造式

他にも、構造式ではありませんが、「NaCl」（しお）を構成する「Na⁺（ナトリウムイオン）」と「Cl⁻（塩化物イオン）」のように、構造内にプラス（+）やマイナス（−）が記されているものもあります。

これらは電気を帯びていることを意味し、「イオン」と呼ばれるものです。

酸の正体である「H⁺（水素イオン）」も後ほど登場します。

第 **2** 章

「発熱」と「痛い」は
なぜ起こるのか

この章でわかること

☑ 熱や痛みを感じるとき、体では何が起こっているのか

☑ よく使われる鎮痛薬のしくみと、それらの違い

☑ 鎮痛薬と胃薬を一緒に処方される理由

☑ バファリンの半分はやさしさではなく、〇〇

☑ 鎮痛薬の「プラス」や「プレミアム」の違いとは？

1 薬局で買える薬と買えない薬

　はじめに、発熱や痛みを緩和する薬、解熱鎮痛薬についてお話ししましょう。代表的なものでは、「ロキソプロフェン」や「イブプロフェン」「アスピリン」などが市販されています。風邪をひいたときに、ドラッグストアで購入して発熱をしのいだ人も多いでしょう。

　これらの薬は、市販されている薬としてだけではなく、「医療用医薬品」としても使われています。医療用医薬品とは、病院やクリニックで受け取る処方箋が必要な医薬品のことです。

　一方で、処方箋がなくても薬局やドラッグストアで購入できる医薬品は「OTC医薬品」（OTC=Over The Counter〈カウンター越しの〉）といいます。以前は市販薬・家庭薬・大衆薬などと呼ばれていたものです。例えば、ロキソプロフェンは「ロキソニンS（第一三共ヘルスケア）」、イブプロフェンは「イブ（エスエス製薬）」、アスピリンは「バファリンA（ライオン）」などの製品として売られています。

　解熱鎮痛薬は「発熱」だけでなく、頭痛や咽喉痛（喉の痛み）、生理痛、歯痛といったさまざまな「痛み」に効果があります。

　でも、そもそもなぜ1種類の薬だけで、「発熱」と「痛み」という2種類の症状を抑えることができるのか。ここでは、その一石二鳥のしくみを見ていきましょう。

　また、解熱鎮痛薬には「胃が荒れる」という有名な副作用があります。ですから、ストレスや暴飲暴食、冷えなどによる腹痛を抑えるために、解熱鎮痛薬を飲むのは効果的ではありません。なぜ、このような副作用をもつのか、一緒にひもといていきましょう。

2 | 発熱と痛みのメカニズム

　多くの薬は、第1章で説明したように、その有効成分が標的のタンパク質に結合することによって効果を発揮します。

　解熱鎮痛薬も同様で、**その標的になるのは「シクロオキシゲナーゼ」と呼ばれるタンパク質**です。酵素に分類されており、消化酵素をはじめとする種々の酵素と同様に特定の化学反応を促進します。

痛みや発熱に関わる酵素「COX」

　シクロオキシゲナーゼは、英語だと「Cyclooxygenase」とつづり、略して「COX（コックス）」と呼ばれています。この先、この略語を頻繁に使っていくので覚えておいてください。

　このCOXという酵素が、発熱や痛みが生じる際に深く関わってきます。それでは、発熱や痛みがどのようにして生じるのか、そしてCOXがどのような役割を担っているのかを見ていきましょう。

　発熱や痛みは「炎症」と深く関係しています。炎症が起こっているときに見られる特徴として、発赤・腫脹・熱感・疼痛が挙げられます。

　専門的な用語が多いのですが、漢字のとおり患部が赤く腫れ上がり、熱をもち、痛むということです。

　ウイルスや細菌の感染、虫刺され、切り傷・火傷・骨折などのケガや、体内で腫瘍・血栓・結石が生じるなど、種々の刺激により炎症が起こります。

　炎症とは、私たちの体にそういった有害な刺激が加わったときに起こる防御反応なのです。

例えば、風邪をひいて（ウイルスに感染して）喉が腫れたり、虫に刺されて皮膚が赤くなったりすることをイメージすれば、わかりやすいと思います。

炎症のメカニズム

それでは、炎症の際に体内で何が起こっているのか、少しくわしく見ていきましょう。

先ほど述べたような種々の刺激が加わると、組織内に存在する「マクロファージ」や「マスト細胞」といった、体を守るための「免疫（担当）細胞」がはたらき始めます。

そして、これらの細胞から、ヒスタミン・プロスタグランジン・ロイコトリエン・インターロイキンなどの物質が放出されます。

放出された物質の中には、血管を拡張させたり、血管の透過性を上げたりする作用をもつものがあります。

血管が拡張することで血液の量が増加し、炎症箇所の代謝を高めて回復を促しますが、その部位は赤くなり熱を帯びてしまいます（発赤・熱感）。

また、血管の透過性が上がる、つまり血管を構成する細胞と細胞の間に隙間ができると、血液の成分が漏れ出します。血液中にも体を守る細胞が存在しており、この際、「好中球」という免疫細胞やマクロファージなどが組織中へと動員されます（病原菌など、炎症の原因の排除を行う）。また、血液を固めるための成分も漏れ出すため、出血が起こっている場合は止血することができます。

血液成分が漏れ出しているため炎症箇所が腫れてしまい、そこには痛みを引き起こす発痛物質も含まれているため痛みが生じます（腫脹・疼痛）。

このように、免疫細胞やさまざまな物質がはたらいて、原因物質の除去、そして患部の再生・修復が起こり、最終的に症状の寛解に向かうのです。

また、後でくわしく述べますが、炎症の過程で免疫細胞から脳に体温を上昇させるよう命令が出て、発熱が起こることもあります。風邪の際の体温上昇がよい例です。炎症は局所的なものだけではなく、全身にも影響を与えるのです。

図2-1

　ここではとくに、上記の物質の中でも解熱鎮痛薬のしくみに大きく関わる「プロスタグランジン」と呼ばれる分子に注目していきます。
　有害な刺激を引き金に、炎症部位では細胞膜を構成するリン脂質から、酵素によって「アラキドン酸」という分子が切り出されます。
　前章で説明したように、酵素の化学反応を促進する力によって、大きな分子が分解されて、新たな分子が生じたわけです。

「アラキドン酸」からできる物質たち

　ここで生じたアラキドン酸は、さらに酵素の力によって、その構造を変えていきます。
　大きく分けると、
・ロイコトリエン
・トロンボキサン
・プロスタグランジン
という分子に変換されます。

とくに重要なのはプロスタグランジンです[1]。たくさんの種類があるので、「プロスタグランジンH_2」のようにアルファベットの大文字と下付きの数字、種類によってはαとβも付けて分類しています[2]。

プロスタグランジンH_2が生成される過程で、先述した酵素「COX」が作用します。

このプロスタグランジンは別の酵素によってさらに変換され、「プロスタグランジンE_2」「プロスタグランジンI_2」「プロスタグランジン$F_{2\alpha}$」とさまざまな種類が生成されます。

プロスタグランジンE_2と$F_{2\alpha}$はとくに似ていますが、よく見てみると間違い探しのように構造が異なる部分を見つけられるはずです。

炎症に深く関わっているのは、プロスタグランジンI_2とプロスタグランジンE_2です（血管拡張・発痛促進などによる）。

両者は炎症に関与するだけでなく、図2-2に示すようにそれぞれが胃粘膜・腎臓の保護、子宮の収縮など、多様な効果をもっています。私たちが生きていく上で重要な作用をもつ物質なのです。

---

[1] プロスタグランジンの名前は、これらの分子が羊の前立腺（prostate gland）から初めて発見されたことが由来になっています（実際は精嚢腺〈seminal vesicle〉に多く含まれていました）

[2] プロスタグランジンH_2の「H_2」は水素の分子とは関係ありません。構造によってAからJまで分類されていて、数字は炭素原子同士が「C=C」のように2本の結合で結ばれている箇所の数を表しています

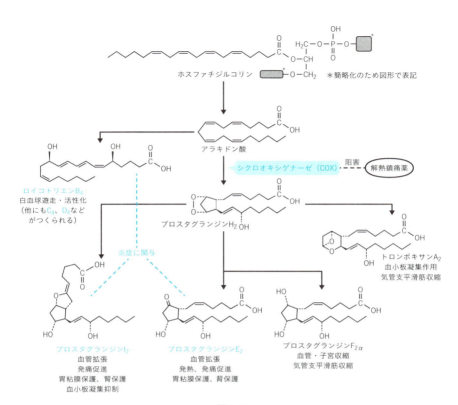

図2-2

専門用語がたくさん……！ 解熱鎮痛薬の標的はCOXだったよね？

そうだよ。COXは、プロスタグランジンがつくられるために必要な酵素なんだ。この章で何度も登場するから、図2-2を見直して作用を思い出してね

さらに、プロスタグランジンH_2からはトロンボキサンA_2が、アラキドン酸からは種々のロイコトリエンがつくられます（この物質も炎症に深く関わっています）。

　この一連の流れは、（階段状に落ちる）滝を意味する「カスケード（cascade）」に由来して「アラキドン酸カスケード」と呼ばれます。

　まるで大量に流れ落ちる水のように枝分かれし、生体内ではたらくさまざまな分子がつくられていくのです。

　さて、このようにして生成されるプロスタグランジンは、今回のテーマである発熱と痛みに深く関係しています。

痛みのメカニズム

　まずは、痛みについてです。

　炎症が起こった部位では、「ブラジキニン」という物質がつくられます。これは痛みを生じさせる（発痛作用のある）物質です。

　炎症によって、とくにプロスタグランジンE_2が増加すると、ブラジキニンの発痛作用が増強されます。

　プロスタグランジンI_2も、この作用をもつことがわかっていますが、炎症時にこの作用を強く示しているかどうかは定かではありません。

　発痛作用を高めるしくみをもう少しくわしく説明すると、図2-3のようにプロスタグランジンによって痛みを感じるボーダーラインが下がるので、ブラジキニンによる刺激の強さが同じでも私たちが痛みを感じるのです。

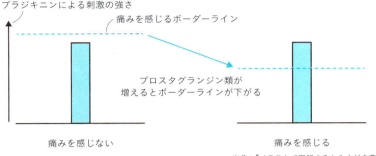

図2-3

出典:『イラストで理解するかみくだき薬理学 改訂2版』(町谷安紀著、南山堂、2020) p.117 をもとに著者作成

発熱のメカニズム

続いて、発熱について見ていきましょう。

体温は、脳の視床下部というところにある「体温調節中枢」でコントロールされています。

炎症が起こると、その過程で体を守る役割をもつある種の免疫細胞から「インターロイキン」などの物質が産生され、脳に作用します。

そして、脳の血管を構成する細胞の膜からプロスタグランジンE_2が生成されます。

このプロスタグランジンE_2が、視床下部にある「体温調節中枢」に移行すると体温を上昇させるので、私たちは発熱してしまうのです。

どちらも少々難しい話ですが、結局のところ有害な刺激を引き金として体内でプロスタグランジンが増加することにより、発熱と痛みが引き起こされるというわけです。先に述べたように、プロスタグランジンが生成される過程の中で、酵素「COX」がはたらいています。解熱鎮痛薬は、このCOXのはたらきを阻害し、プロスタグランジンの生成を抑制します(図2-4)。

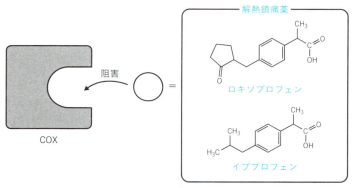

図2-4

　さて、この章の序盤で「なぜ1種類の薬だけで発熱と痛みという2種類の症状を抑えることができるのか」という疑問を示したのを覚えているでしょうか？
　その答えは、解熱鎮痛薬が発熱と痛みの両方を引き起こすプロスタグランジン（とくにE_2）の生成を抑えることができるからです。

　ここでは、私たちが日常で解熱鎮痛薬を使用する目的が高いと思われる発熱と痛みのしくみに着目してきました。
　じつは、本章に登場した薬は、炎症に関わるプロスタグランジン（E_2やI_2）の生成を阻害することにより、炎症によって引き起こされる患部の症状を抑える効果もあります。そのため、「解熱消炎鎮痛薬」と呼ばれることもあります。

3 | 胃薬が一緒に 処方されるのはなぜ？

　ここでは、副作用で起こる胃痛の原因について説明します。

　解熱鎮痛薬には良い効果ばかりではなく、消化性潰瘍という副作用もあります。これは、胃液によって胃または小腸の一部が深く傷ついた状態になってしまうことです。

2種類の「COX」、その違い

　この副作用を理解するためには、酵素であるシクロオキシゲナーゼ（COX）について、さらにくわしく知る必要があります。

　じつはCOXには、複数のタイプが存在します。

　それらは単に番号を振っただけのもので、「COX-1」「COX-2」と呼ばれています。「COX-3」が存在することも明らかになっていますが、その機能がよくわかっているのはCOX-1とCOX-2です。

　これら2つの酵素はそれぞれ、役割が違います。

　COX-1は、胃粘膜や腎臓、血小板など体内のさまざまな細胞に常に存在している酵素で、種々のプロスタグランジンを生成することで生体の機能を維持するのに重要な役割を果たしています。先ほど紹介した胃粘膜や腎臓の保護といったはたらきです。

　一方でCOX-2は、一般に炎症が起こった際に、炎症部位にて新たにつくり出される酵素です。有害な刺激に応答してつくり出され、炎症に関与するプロスタグランジンを生成するのです。

　2種類のCOXのうち、COX-2のほうが、より炎症に深く関わっているわけです。

名称	存在する場所	備考
COX-1	胃粘膜、腎臓、血小板などの さまざまな細胞	常に存在
COX-2	炎症が起こっている部位	炎症が起こると生成

　ロキソプロフェンやイブプロフェンなどの解熱鎮痛薬は、COX-2のはたらきだけではなく、生体の機能を維持するのに役立っているCOX-1のはたらきも阻害してしまいます。COX-1からつくられるプロスタグランジンE_2とI_2は、胃粘膜を保護するはたらきがあります（p.35、図2-2）[*]。

　胃液は強い酸性で、その酸の力によって食物の消化を助けてくれたり殺菌してくれたりしています。一方で酸性雨や塩酸に代表されるように、強い酸は人の体を傷つけるものでもあります。

　そのため、胃はややアルカリ性の粘液で守られており、胃液によって胃が損傷しないようになっています。

　上記のプロスタグランジンは、この粘液の分泌を促進したり、胃粘膜への血流量を増やして細胞の増殖を促したりして、胃を守る作用があります。つまり、この生成が抑えられると胃粘膜を保護する作用が弱まり、胃が傷つきやすくなってしまいます。

　そのため、解熱鎮痛薬を飲むと胃や十二指腸（胃に一番近い部分の小腸）の壁が損傷してしまうおそれがあるのです。

---

[*]　この効果は「プロスタグランジンE_1」という、E_2と同じタイプのものにもあります。

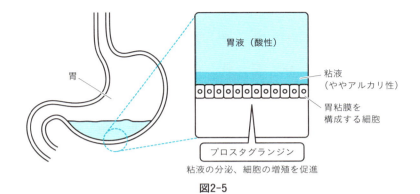

図2-5

解熱鎮痛薬が胃を傷つける原因は他にもあるよ。薬の分子そのものが胃粘膜を構成する細胞に蓄積して傷つけてしまうんだ

そうなんだね。胃を守るために、空腹時の服用は避けたほうがいいね。

　この解熱鎮痛薬によって起こる副作用（消化性潰瘍）は、厳密には「有害反応」といいます。

　目的とする効果を「主作用」、それ以外の効果は、体にとって良いものであっても悪いものであっても副作用とされます。

　とくに悪い副作用のことは「有害反応」というので、今回の胃腸への障害は有害反応に当たります。

　ですので、**ストレスや暴飲暴食、冷えなどでお腹が痛くなったからといって、解熱鎮痛薬を飲むと逆効果になってしまうおそれがある**のです。

　なお、生理による腹痛に関してはプロスタグランジンが原因なので、解熱鎮痛薬の効果が発揮されます（もちろん飲み過ぎには注意が必要です）。

　手軽に購入できて便利な薬ですが、使い過ぎには注意しましょう。

4 「ナノメートル」の差で副作用を防ぐ

前節では2種類の酵素「COX-1」と「COX-2」の話をしました。

副作用の消化性潰瘍は、解熱鎮痛薬がCOX-1を阻害することが原因でした。ということは、この**COX-1を阻害せずに、炎症時にはたらくCOX-2を優先的に阻害する薬が開発できれば、この副作用を軽減できる**はずです。

それを実現した薬が、じつは開発されています。「セレコキシブ（商品名：セレコックス）」という鎮痛薬です。これは処方箋が必要な医療用医薬品で、関節リウマチ・腰痛・手術後の痛みなどに使われており、現在のところOTC医薬品としては販売されていません。

ロキソプロフェンと比較しても同程度の鎮痛効果があり、消化性潰瘍などの胃腸障害は抑えられると報告されています。

ただし、このタイプの薬は、海外では心筋梗塞や脳卒中などのリスクが高まることが報告されており、注意が必要です。

「COX-1」と「COX-2」の違いを利用する

なぜ、この薬はCOX-2を優先的に阻害できるのでしょうか？　もう少しくわしく見ていきましょう。

重要な点は、セレコキシブの**分子のサイズが、従来の解熱鎮痛薬と比較して大きい**ことです。図2-6 Aにイブプロフェンとセレコキシブの構造の大小関係を示してあります。

それが、薬の作用にどう関わっていくのでしょうか。COX-1もCOX-2も酵素なので、それらの構造内には「くぼみ（p.18参照）」があります。

図2-6 Bでは、従来の解熱鎮痛薬とセレコキシブが、COX-1とCOX-2に

結合する様子を模式図で示しました。

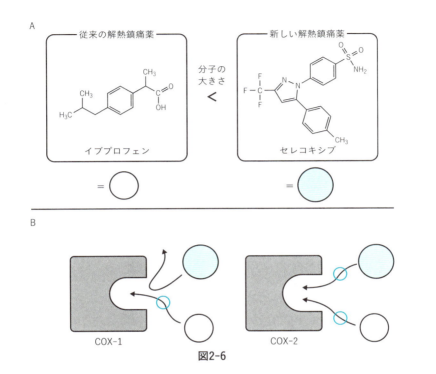

図2-6

　この図のもう一つのポイントは、COX-1とCOX-2を比較すると後者のくぼみのほうが大きいことです。セレコキシブはCOX-2のくぼみには入り込めるけれど、COX-1のくぼみには入り込みづらく、優先的にCOX-2を阻害するのです。ゴルフの穴(ホール)にソフトボールは入りづらい、といったようなものです。

　ナノメートル（nm）の単位で表すような目に見えない小さな世界でも、私たちの普段の感覚と同じようなことが起こっています。

5 | 痛み止め同士を
比べてみると……？

　ここでは、これまでとくに着目してきた解熱鎮痛薬である
・ロキソプロフェン
・イブプロフェン
・アスピリン
について、さらにくわしく見ていきましょう。

最古参、アスピリン

　この中で最も長い歴史をもつのは、アスピリンです。
　1819年、柳の樹皮から「サリシン」という分子が得られ、これを化学反応させて得られる「サリチル酸」という分子に、解熱と鎮痛の効果、そして炎症を抑える効果があるとわかりました。

　これを改良したものがアスピリンで、1899年にドイツのBayer（バイエル）社が販売をはじめました。そして、世界中で幅広く、長い間使われてきました。しかし今では、アスピリンが含まれるOTC医薬品は少なくなってきています。
　取って変わった解熱鎮痛薬こそ、ロキソプロフェンとイブプロフェンです。実際、この２つはアスピリンよりも、やや強い鎮痛効果があるとされています。

肝臓のはたらきを逆手にとる

　前者のロキソプロフェンは、優れた解熱鎮痛効果、そして炎症を抑える

効果をもちます。それに加えて、消化性潰瘍の副作用が軽減されるよう、その構造に化学的な工夫が施されています。

これを理解するためのポイントは「肝臓の酵素」です。

錠剤を服用した場合、小腸から吸収されて、まずは肝臓に向かうと第1章で説明しました。薬は、肝臓に存在する酵素によって変換されて一部は薬としての効果を失い、その後で排泄されるという話でした。

ロキソプロフェンは、肝臓の酵素を利用し、解熱鎮痛薬として効果を発揮する構造に変換されます（図2-7）。左側が体内に入ってきたばかりのロキソプロフェンで、右側が肝臓で変換を受けた構造です。じつは**錠剤に入っている元々の成分はCOXを阻害する力が弱く、ほとんど効き目がありません**。

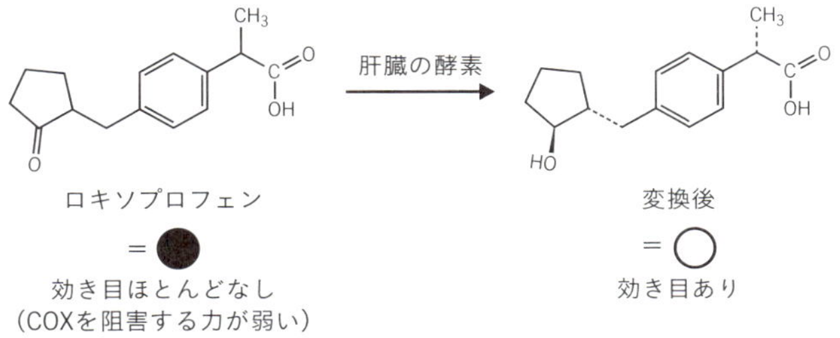

肝臓の酵素

ロキソプロフェン
＝●
効き目ほとんどなし
（COXを阻害する力が弱い）

変換後
＝○
効き目あり

図2-7

肝臓に限らず、有効成分が体内で（おもに酵素によって）変換を受けて構造が変換され、薬としての性質を示すようになるものを、「プロドラッグ」と呼んでいます。

では、プロドラッグの利点はどのようなものなのでしょうか？　ロキソプロフェンのケースで説明しましょう。

まず、反応前後のロキソプロフェンをそれぞれ●、〇で表しています（図2-7、8）。解熱鎮痛薬を飲むと、有効成分を体内で吸収する過程で、胃粘膜にてプロスタグランジンの生成を阻害してしまうことがあります。こうなると、胃粘膜を保護する力が低下してしまうのでした（p.40）。

　ロキソプロフェンの場合は、まだこの時点ではCOXを阻害する力が弱いため、胃腸への障害が少ないとされています。

　肝臓の酵素で変換されることを考慮してもともとの構造が設計され、このような利点を得ているわけですね。

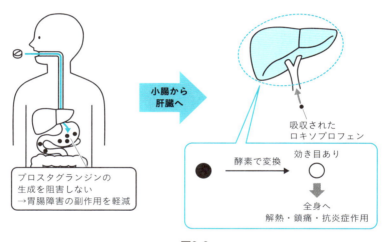

図2-8

　プロドラッグには、ロキソプロフェン以外にも同様の薬がありますが、アスピリンとイブプロフェンはこのようなタイプではありません。

　とはいえ、ロキソプロフェンの副作用がなくなったわけではありません。

　肝臓の酵素で変換されたロキソプロフェンは、当然COX-1を阻害する作用をもちます。薬としての効力をもった状態で全身を巡り、COX-1を阻害して胃に負担をかける可能性が残っているため、やはり副作用に気をつけて服用する必要があります（すでに消化性潰瘍になっている患者さんはロ

キソプロフェンを服用してはいけません）。

　もちろん他の副作用も報告されており、ロキソプロフェンを含んでいる
OTC医薬品は、規制の厳しい「第1類医薬品」に分類されています。つま
り、このようなOTC医薬品を購入するためには、薬剤師の情報提供を受け
る必要があります*。

　ロキソプロフェンが含まれている薬をドラッグストアで購入したくても、
薬剤師が不在の場合に購入できないのは、副作用を考慮してのことです。

イブプロフェンが重宝される理由

　続いて、イブプロフェンの特徴を見ていきましょう。

　この薬もまた優れた解熱鎮痛効果をもち、炎症も抑えます。その歴史は
長く、1969年にイギリスで病院の薬として使われ始めました。当時、問
題になっていたアスピリンの副作用を抑えるために開発され、成功を収め
た薬です。

　国内では1971年に発売されました（ブルフェン錠100、科研製薬）。そ
して、1985年には処方箋がなくてもイブプロフェンが購入できるように
なりました。

　じつは海外ではロキソプロフェンよりもイブプロフェンのほうが使われ
ており、その使用経験の中で有効性と安全性が評価されています。さらに、
イブプロフェンは子宮への移行に優れ、月経痛に適しているとされていま
す。

　ロキソプロフェンよりも規制が緩く、イブプロフェンを含むOTC医薬品

---

*　OTC医薬品は、規制が厳しい順に「要指導医薬品」「第1類医薬品」「第2類医薬品」「第3
　類医薬品」に分類されています。要指導医薬品と第1類医薬品は、薬剤師が販売の際に情
　報提供することが義務化されています。

は第2類医薬品に分類されているので、薬剤師がドラッグストアに不在の
ときでも購入することが可能です。

　国内・国外を問わず広く長く使われており、一定以上の安全性が確保さ
れていますが、やはりイブプロフェンもCOX-1を阻害する作用をもちます
ので副作用に注意しましょう。

　ただ、安全性に関しては、成分量が増えると話は変わってきます。
2012年にイブプロフェンの1日あたりの最大用量を600mgに増やした薬
が認められました。

　現在では、通常量（最大用量は400～450mg）が含まれている薬である、
エスエス製薬の「イブ」シリーズなどのほかに、高用量が含まれている
「リングルアイビーα200（佐藤製薬）」なども販売されています。

　また、解熱鎮痛薬以外にもさまざまな有効成分が含まれている「総合か
ぜ薬」にも高用量タイプのものがあります。「コルゲンコーワIB錠TXα（興
和）」や「ベンザブロックLプレミアム（アリナミン製薬）」などの製品に
高用量のイブプロフェン（最大用量600mg/日）が配合されています。

　1日あたりの最大用量が600mgとなると、強い効果が得られる半面、
副作用も強くなります。ですので、胃・十二指腸潰瘍（消化性潰瘍）の患
者さんは服用してはいけません。さらに、高血圧や腎臓病の患者さんも飲
んではいけません。

　そして、これまでと同様に、やはり消化器に起こる障害や、喘息の副作
用にも注意する必要があります。COXを阻害する作用をもつ解熱鎮痛薬
には、喘息の副作用もあるのです。

　ここで紹介した高用量タイプのOTC医薬品は第2類医薬品に分類される
ため、薬剤師の情報提供がなくても買うことができます。

　しかし、安全面を考慮すると、とくにこのタイプの薬については薬剤師

に相談してから購入することをおすすめします。

時が経てば薬の役割も変わる

　さて、はじめに述べたとおり、現在ではアスピリンを配合したOTC医薬品が少なくなってきました。そんな中、アスピリンには解熱鎮痛薬としてではない、新しい薬としての使い道が出てきました。

　その新たな用途では、**アスピリンが、私たちの体に異常を引き起こす原因となる「血栓」ができるのを防いでくれます**。すでに医療の現場では、この目的で広く使われているのです。
　この場合では、血液中に存在する「血小板」という細胞のCOXに作用します。本来、血小板は出血したときに損傷した血管の壁に集まって固まり、出血を防ぐ役割をもっています。
　しかし、血管内で集まって塊になってしまった場合、血管を詰まらせて脳梗塞や心筋梗塞を引き起こします。この塊が血栓です。

　アスピリンがこの血栓を防ぐことができる理由は、COXを阻害するメカニズムが微妙に他の薬と異なることにあります。
　重要なのは、アスピリンの構造中にある「アセチル基」と呼ばれる部分的な構造です（図2-9 A）。

　一般に解熱鎮痛薬は、前節で説明したようにCOXのくぼみに分子そのものが結合します（p.43、図2-6参照）。
　一方でアスピリンは、図2-9 Bのように酵素のくぼみにアセチル基が結合します。

　アセチル基は、COXのくぼみに存在している大事な構造である「ヒド

49

ロキシ基」と反応します。構造式では「－OH」の部分です。

　この構造は、この酵素を構成するアミノ酸の「セリン」の一部です。図2-9 Cがセリンの構造で、破線で囲った部分が相当するヒドロキシ基です。

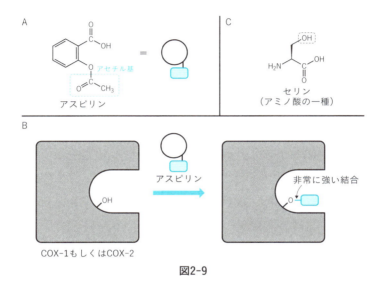

図2-9

　アスピリンのアセチル基は、ヒドロキシ基の酸素原子と非常に強い結合を形成して、血小板のCOXを強く阻害します。これが、他の解熱鎮痛薬とは異なる効力を示すポイントです。

　具体的には、血小板でCOXを阻害することにより、血を固める作用をもつ「トロンボキサンA_2」というプロスタグランジンの親戚のような分子の生成を阻害します（p.35、図2-2）。それによって血を固める作用を抑えるため、アスピリンは血栓予防薬として役立っているのです。
　このように解熱鎮痛薬として長く使われていたアスピリンは、新たな使い方をされるようになっていきました。

6 | しくみが異なる 「アセトアミノフェン」

　ここでは、これまで説明していなかった、有名な解熱鎮痛薬を紹介しましょう。その薬とは「アセトアミノフェン」です。

　OTC医薬品では「タイレノールA（東亜薬品）」「ポパドンA（米田薬品）」などに含まれています。一方、医療用医薬品では「カロナール（あゆみ製薬）」や「アンヒバ（ヴィアトリス製薬）」などが挙げられます。

特徴的なその「安全性」

　それではまず、アセトアミノフェンの良い点を見ていきましょう。大きな特徴は、子どもに対して使いやすい点です。

　OTC医薬品では、子ども用の解熱鎮痛薬として用いられています。医療用医薬品の場合には、状況によっては乳児や2歳未満の幼児に対しても処方されます。

　対照的に、ロキソプロフェンの服用は15歳以上限定です。アスピリンも基本的に15歳未満の子どもには使用しませんが、医療用医薬品として使われるケースもあります（川崎病）。

　イブプロフェンはアセトアミノフェンだけで効果が充分に得られないときの代替薬として、安全性が確立している5〜15歳の小児へは年齢や体重に応じた量で使われます。

　アセトアミノフェンが乳児や小児も含めた子どもによく使われているのは、副作用が起こることが少ないためです。このように、やはり**解熱鎮痛薬の中でアセトアミノフェンの安全性が高い**のです。さらにアセトアミノ

フェンには、胃腸の損傷が少ないという特徴もあります。

「COX-1」「COX-2」を阻害しないゆえに……

　この薬の説明を最後にまわしたのは、他の解熱鎮痛薬とは効果を表すしくみが少々異なり、特徴的な点があるからです。

　アセトアミノフェンは、COX-1やCOX-2の機能を阻害する力が極めて弱いのです。ということは、胃腸を守るプロスタグランジンの生成を阻害する力も弱く、他の解熱鎮痛薬と比べて胃腸に関する副作用は少ないのです。

　なお、マイナスの面として、アセトアミノフェンは、イブプロフェンやロキソプロフェンに比べると、解熱効果や鎮痛効果がやや劣るという特徴があります。また、COXを阻害する力が弱いため、炎症を抑える力がほとんどありません。これは、症状によってはデメリットになります。

では、なぜ効くのか

　じつは、その詳細は明らかになっていません。そのため、現時点でわかっていることを簡単に紹介しますね。

　解熱作用については、視床下部の体温調節中枢に作用し、皮膚の血管を拡張させて熱を放出しやすくさせます。
　鎮痛については、脳の視床や大脳皮質における痛みを感じるボーダーラインを上げます。また、人に本来備わっている、痛みを抑制するための神経を活性化するしくみも報告されています。

　なお、アセトアミノフェンは、３節で述べた「COX-3」に作用している

ことが2002年に提唱されました。しかし、この説は確定されておらず、アセトアミノフェンが標的とするタンパク質が何なのかはよく分かっていません。

つまり、長い期間広く使われている薬であるにもかかわらず、他の解熱鎮痛薬よりもメカニズムの詳細が明らかになっていないのです。薬はこのように、未だにブラックボックスになっていることも多々あります。

薬も過ぎれば毒となる

さて、最後に化学的な視点から、アセトアミノフェンによって引き起こされる副作用について説明しましょう。安全性が高いと述べてきましたが、服用し過ぎると肝臓に異常が生じます。

アセトアミノフェンも他の薬と同様に、肝臓の酵素の作用によって化学反応を起こし、その構造が変換されます。

それにはいくつかのパターンがありますが、副作用に関係するのは次の例です。

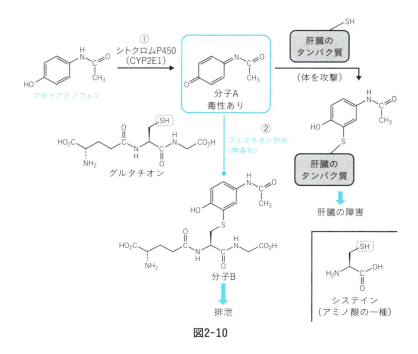

図2-10

① 肝臓で「シトクロムP450」という酵素により一部のアセトアミノフェンが変換される（アセトアミノフェン→分子A）。
細かく分類すると「CYP2E1」により変換を受け、毒性をもつ分子Aになる

② 同じく肝臓に存在する「グルタチオン」という分子と結合して分子Aは分子Bになる（分子A＋グルタチオン→分子B）。
グルタチオンは毒性をもつ分子と結合し、それらを無毒化できる。このとき、グルタチオンの構造に含まれる「－SH」の「S」の部分（硫黄原子）が分子Aと結合する

こうして、アセトアミノフェンの薬としての効果はなくなり（分子A）、

さらには水に溶けやすい構造になり（分子B）、やがて尿中に排泄されていきます。尿の成分はほとんど水ですから、排泄に向けて水に溶けやすい分子になったわけです。

ちなみに、グルタチオンがもつ「－CO_2H」と「－NH_2」の部分が水となじみやすい構造です（「－CO_2H」と「HO_2C－」は、向きが異なる同じものです）。

このように異物を解毒・排泄させるために分子を結合させる変換を「抱合反応」と呼びます。

今回の抱合反応は、「グルタチオン抱合」と名付けられています。

詳細は割愛しますが、グルタチオン抱合の後も排泄に向けてさらに変換が続きます。

副作用も解決策も、「化学反応」

では、副作用の話に移りましょう。

ここでのポイントは、毒性をもっているのが分子Aということです。

アセトアミノフェンを多く服用してしまうと、次のことが起こります。

多量のアセトアミノフェンが肝臓に到達し、分子Aに変換されます。

本来ならば分子Aとグルタチオンが結合するところ、分子Aが大量にあるので肝臓のグルタチオンが足りなくなってしまいます。

そのため、分子Aが残り、グルタチオンの代わりに肝臓のタンパク質と結合してしまうのです（分子A＋肝臓のタンパク質）。こうなってしまっては、肝臓のタンパク質はその機能を保てません。

というわけで、アセトアミノフェンをたくさん飲んでしまうと、生じた分子Aを排泄し切れずに私たちが体を攻撃されて肝臓の障害を引き起こしてしまうのです。

肝臓のタンパク質がもつ構造のうち、分子Aとの結合に関わるのは、グルタチオンと同じで「–SH」の部分だよ

この構造は、いろんなところにあるんだね！

タンパク質がもつ「–SH」の構造は、「システイン」というアミノ酸の一部分なんだ。じつはグルタチオンもシステインからできているよ

　こういった理由から、アセトアミノフェンの服用量は1日に4グラムが上限とされています。さらに、一般に肝機能が低下している高齢者は1日に1.5グラム以下から開始するようになっていますし、肝臓に疾患がある患者さんについては、服用量が1日に1.5グラム以下になるようにしなければいけません。

　手軽に手に入り副作用が少ない薬ですが、大量に飲んでしまうと危険です。飲む量には注意が必要な薬なのです。

解毒のメカニズム

　なお、アセトアミノフェンによって肝臓の障害が起きた場合は、「アセチルシステイン」という薬を投与して解毒する必要があります。

　その理由を知るために、アセチルシステインの構造をグルタチオンの構造と比較してみましょう。

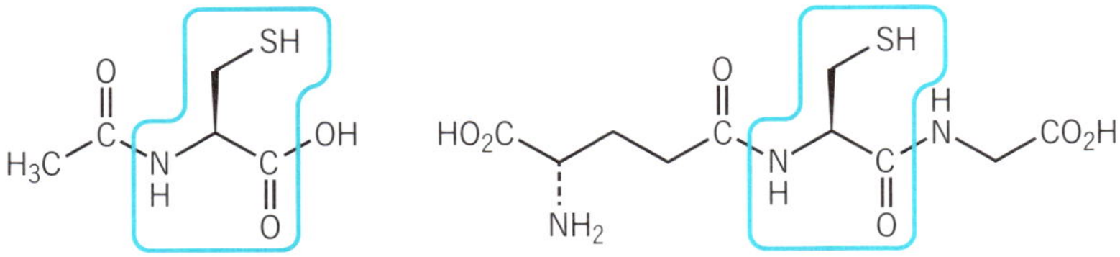

アセチルシステイン
解毒薬
（去痰薬としても用いられる）

グルタチオン

図2-11

　構造の強調した部分が変換と排泄の過程において、とくに重要です。グルタチオンは、ここに含まれる「−SH」の硫黄原子が、毒性をもつ分子Aと結合していました。

　アセチルシステインも同様の構造をもつため、グルタチオンの代わりに分子Aと結合して解毒してくれるわけです。

　このアセチルシステインは去痰薬としても使われています。その場合も、やはり硫黄原子の部分が痰の成分と化学反応し、その成分を変えてサラサラの状態にするのです。

　効果は違いますが化学反応を起こして構造を変えるというメカニズムは同様です。

　このように、薬の副作用にも、その解決策にも、化学反応が関係しているのです。

第2章　「発熱」と「痛い」はなぜ起こるのか

57

7 | 半分はやさしさで できている？

　ここまで、解熱鎮痛薬が効くしくみを中心に説明してきました。

　メカニズムがわかったところで、ここでは解熱鎮痛薬が含まれているOTC医薬品について、気になるトピックを見ていきましょう。

バファリンの半分の「やさしさ」とは……

　ひと昔前に打ち出されていた『バファリンの半分はやさしさでできている』という興味を引くキャッチコピーは、今も記憶に残っている人も多いと思います。

　バファリンは発熱と痛みに効果をもつOTC医薬品で、現在は「バファリンA」という名称で販売されています。

　名前（BUFFERIN）は、「緩和するもの」を意味する「buffer」と「aspirin（アスピリン）」に由来しています。ここから、解熱鎮痛薬のアスピリンが含まれていることがわかります。

　ここでの「緩和」は、胃へのやさしさを意味しているそうです。つまり、あのキャッチコピーが意味するのは「胃にやさしい」ということになりますね。

　結論をいうと、バファリンAの半分を占めるやさしさとは「合成ヒドロタルサイト」です。この成分の構造は複雑なので詳細は割愛しますが、マグネシウム（元素記号：Mg）やアルミニウム（元素記号：Al）といった元素を含む、「アルカリ性」を示す物質です。

　この物質によって、バファリンAはアスピリンの効き目と、胃へのやさ

しさを両立させています。

　胃を攻撃するのは強い酸性を示す胃液です。合成ヒドロタルサイトは、**酸の作用を打ち消すアルカリ性を示すため、胃液に含まれる酸を中和して胃を守ることができる**のです。

　なお、バファリンA以外にも、OTC医薬品では「バファリンライト」が、医療用医薬品では「バファリン配合錠A81」が販売されています。それぞれ「乾燥水酸化アルミニウムゲル」や「ダイアルミネート」が、合成ヒドロタルサイトに類似した成分として含まれています。

　どちらもアルカリ性を示し、酸を中和することができます。

　バファリンのシリーズには「バファリンプレミアム」や「バファリンルナi」といった、イブプロフェンとアセトアミノフェンの2種類を解熱鎮痛薬として採用した製品が登場しています。ここからも、今では解熱鎮痛薬としてのアスピリンは、その影を潜めてきていることがうかがえます。

　ちなみに、同シリーズの現在のキャッチコピーは、「いたみは止める。わたしを止めない。」です。眠くなる有効成分が入っておらず、服用しても止まることなく活動できるという意味が込められているそうです。

　この後説明しますが、風邪薬には眠気が生じる成分が入っていることがあるため、眠気が出ない点を宣伝しているのですね。

ロキソニンの「プラス」や「プレミアム」の意味

　ここでは第一三共ヘルスケアが販売しているロキソニンのシリーズを紹介します。「プラス」や「プレミアム」など、複数種類販売されています。これらは何が違うのでしょうか？

　まず、通常の「ロキソニンS」から見ていきましょう。これには有効成

分としてロキソプロフェンのみが含まれています（ロキソプロフェンナトリウムという状態で60mg）。

　続いて、「ロキソニンSプラス」。こちらも同様にロキソプロフェンが、ロキソニンSと同量含まれています。その他に特徴的な成分として、「酸化マグネシウム」が配合されています。この成分には、胃を守る作用があります。これはバファリンAに含まれていた合成ヒドロタルサイトと類似した効果をもつ物質です。

　この酸化マグネシウムは、使用量をもっと増やすと便秘を解消する効果をもたらします。「酸化マグネシウムE便秘薬（健栄製薬）」や「コーラックMg（大正製薬）」として、便秘薬が販売されています（OTC医薬品）。

　それでは、「ロキソニンSプレミアム」はどうでしょうか？　まず、ロキソプロフェンは他と同量含まれています。そして「メタケイ酸アルミン酸マグネシウム」という、これまで紹介してきたものと同様に酸を中和し、胃を守る作用をもつ成分も配合されています。

「プレミアム」だけに含まれる成分

　他の2種類との大きな違いはまず、添付文書に「長期連続して服用しないで下さい」という旨の注意事項がある点です。

　さらに、「アリルイソプロピルアセチル尿素」と「無水カフェイン」が入っていることです。

　どちらも解熱鎮痛薬だけでなく風邪薬に含まれていることが多い物質で、その痛みを抑える作用をサポートする効果をもつとされています。

　なお、前者は催眠鎮静作用をもち、じつは「エアミットサットF（佐藤製薬）」や「レジャール錠（日邦薬品工業）」といった乗り物酔いの薬にも

配合されています（いずれもOTC医薬品）。これによって「プレミアム」は、症状がつらく早く寝てしまいたいときには、心強い手段になるでしょう。

　一方でこの物質は、「習慣性医薬品」に指定されています。簡単にいってしまえば、依存度が高くて習慣的に薬を使ってしまわないように注意する必要がある薬です。

　また、解熱鎮痛薬とともにこれを服用すると、皮膚障害（薬疹）の副作用が起こりやすい傾向にあります。

　よほど調子が悪いのであれば、このような効果の高い医薬品を服用する必要があるかもしれませんが、むやみに使う必要はないでしょう。

　なお、他の風邪薬に入っていることがある「ブロモバレリル尿素」も類似した成分です。同様に眠気が出やすく、これらを服用した場合は運転など危険を伴う機械の操作が禁止されているので、注意してください。OTC医薬品を選ぶ際には、成分を確認し薬剤師に相談しましょう。

　一方、無水カフェインは中枢（中枢神経）という脳と脊髄の神経を興奮させて覚醒をもたらします。これが入っているとはいえ、アリルイソプロピルアセチル尿素の効果も発揮されるため、服用すると眠気が生じるおそれがあるのです。

　以上のように、ロキソニンS→ロキソニンSプラス→ロキソニンSプレミアムの順に含まれている成分が多くなり、それらから得られる効果が加わっていくのです（価格も上がります）。

風邪薬は、風邪を治すのか

　風邪薬は各社からOTC医薬品として発売されており、さまざまな商品が

ドラッグストアに陳列されています（表１）。パッケージには「かぜ薬」
や「総合かぜ薬」と表記されていることが多いです。

商品名	会社名
エスタックイブ	エスエス製薬
新コンタックかぜ総合	グラクソ・スミスクライン・コンシューマー・ヘルスケア・ジャパン
ジキニンファーストネオ錠	全薬工業
ストナファミリー	佐藤製薬
パイロンPL顆粒	シオノギヘルスケア
パブロンエースPro	大正製薬
ベンザエースA錠	アリナミン製薬

表１

　これらの薬には、種々の症状を緩和する目的で、いろいろな種類の有効
成分が含まれています。例えば、これまで説明してきた解熱鎮痛薬以外に
も、鼻水を抑える薬や咳を止める薬が配合されています（表２）。

効果	成分名
解熱・鎮痛	イブプロフェン、アセトアミノフェン
鼻水止め	クロルフェニラミン（眠気あり）
鎮咳	ジヒドロコデイン、デキストロメトルファン
去痰	ブロムヘキシン、カルボシステイン
気管支拡張	メチルエフェドリン
その他	カフェイン、アリルイソプロピルアセチル尿素（眠気あり）

表２

　鼻水を止める薬については、後の章でくわしく説明します。
　他にも、本書で詳細は述べませんが、脳の延髄に存在する咳の中枢に作
用して咳を止める薬や、痰をサラサラにして排出する去痰薬などが含まれ
ています。

さて、ここで知っておいてほしいことは、そもそも、これらの風邪薬は
すべて「対症療法」ということです。

　風邪薬は、私たちの体に生じた症状を抑えるためのものであって、風邪
の根本的な原因となっているウイルスを倒しているわけではありません。

　風邪の原因となるのは大部分がウイルスであり、「アデノウイルス」「ラ
イノウイルス」「コロナウイルス（新型コロナウイルスとは別）」などが知
られています。

　しかしながら、これらのウイルスを倒すための有効な薬はありません。
つらい症状を抑えている間に、私たちの体を守る免疫細胞がウイルスを倒
してくれるのを待つわけです。

Column | 妊娠中、授乳中に薬を飲むとき、注意することは？

　妊娠中の女性、もしくは妊娠の可能性がある女性が薬を使用した場合、その薬は胎児に影響を及ぼすことがあります。

　第1章では、服用した薬は吸収されて血液中に移行することを述べました。

　母と子の血液は直接混じり合っているわけではありません。母親の血液中に存在する酸素や栄養だけが、胎盤を通過して胎児に届けられています。

　血液中に移行した薬も、種類によっては胎盤を通過してしまいます。

　薬が胎児に到達すると、薬の種類によっては流産・催奇形性・胎児毒性（臓器機能障害、発育障害）などを生じる可能性があります。

　また、出産後に母乳を与える場合、その薬が及ぼす影響を考慮しなくてはなりません。母親が使用した薬が母乳に移行することがあるため、意図せず乳児に薬を与えてしまうことになるからです。

　とはいえ、妊娠中・授乳中にかかわらず、薬を飲まないと母親が危険な状態になってしまう場合もあります。

　薬を使用するかどうかは母親の症状にもよるので、必ず医師や薬剤師に現在の状況を伝えて相談しましょう。医療用医薬品はもちろん、OTC医薬品の場合も同様です。

第 **3** 章

アレルギーの鍵穴を埋める

この章でわかること

☑ 体が異物と戦うしくみ
☑ アレルギーで鼻水やくしゃみが止まらなくなる理由
☑ 花粉症の薬は、鼻水やくしゃみをどう止めているのか
☑ 眠くなりづらい花粉症薬のひみつ

1 侵入した異物と戦う細胞たち

　この章では、花粉症の治療薬についてお話しします。春先に苦しい思い
をしている人は多いのではないでしょうか（著者もその1人です）。その
原因は、よく知られているように花粉が体内に侵入することです。植物に
とっては受粉するのに必要な花粉でも、人にとっては異物であり、人体に
好ましくない影響を与えてしまうのです。

人の体に備わる「防御システム」

　異物として認識されるのは、もちろん花粉だけではありません。ダニ・
カビ・細菌・ウイルスなど、さまざまなものがあり、感染症を引き起こす
病原体も含まれています。

　そのような**異物に対する防御システムが、私たちの体には備わっていま
す**。すなわち、異物の体内への侵入を防ぐしくみや、侵入してしまった異
物を排除して体を守るしくみです。

　花粉症の治療薬について話す前に、私たちにもともと備わっている、異
物への防御システムを見ていきましょう。

　これがわかれば、花粉症に効く薬のメカニズムもすっきりわかるように
なります。

　異物からの防御システムには、大きく分けると、次の2つのステップが
あります。

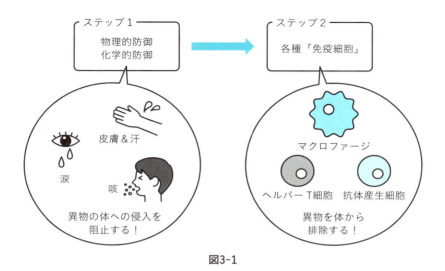

図3-1

　まずは、第1段階の**物理的防御**と**化学的防御**についてです。

　難しい用語だと思いますので、いくつか具体例を示しながら説明しますね。

　物理的防御は読んで字のごとく、物理的に異物を体外に追い出して体を守ります。例えば、咳やくしゃみ、痰などです。

　化学的防御には、涙や鼻水があります。「リゾチーム」という抗菌物質が含まれており、これは一部の病原体を倒す効果をもっています。涙は悲しいときに流すイメージで、鼻水はちょっと汚いイメージかもしれませんが、じつは異物から体を守っているものなのです。

　私たちの皮膚も、この第1段階の防御システムです。皮膚という物理的なバリアがあるからこそ、病原体は容易に侵入できません。ですから傷口があると、そこから病原体が侵入してきてしまいます。例えば、土に潜んでいる「破傷風菌」は、傷口から侵入して「破傷風」という感染症を引き起こします。

また、皮膚には化学的に防御するしくみもあります。皮脂や汗は弱酸性であり、酸性の環境に弱い病原体の増殖を抑えることができます。

　私たちの皮膚は、物理的防御も化学的防御のしくみも備えているのです。

　さて、酸性といえば、第2章で胃液が酸性であることを述べました。

　これも化学的防御の一つで、食物とともに胃に到達した病原体を強い酸性の環境により殺菌する効果があります。

　これらが、体の表面や粘膜から先に異物を侵入させない第1段階のバリアなのです。

2段構えの防御態勢

　第1段階の防御システムを突破してきた異物には、第2段階の防御システムで迎え撃ちます。

　活躍するのは、第2章で少し紹介した**免疫細胞**です。免疫のはたらきを担う細胞たちが、体内に侵入した異物が悪さをするのを防ぐのです。これらには、体内に侵入してきた異物を食らうもの、異物の情報を伝達するもの、異物を無力化する「抗体」を放つもの、病原体に感染した細胞を攻撃するものなど、さまざまな種類があります。詳細は割愛しますが、いくつかの能力を併せもつ免疫細胞もいます。

　代表的な免疫細胞と、そのはたらきの例は次のとおりです。

マクロファージ
・異物を食らう
・異物の情報を伝達

ヘルパーT細胞
・異物の情報を伝達

抗体産生細胞
・抗体を放つ

細胞傷害性T細胞
・感染細胞を攻撃

マスト細胞
・抗体と結合
・炎症を引き起こす

図3-2

異物を記憶する「抗体」

　最終的には、侵入してきた異物に対して「形質細胞（抗体産生細胞）」から抗体が産生されるようになります。抗体は、花粉症が起こるしくみにおいて、とくに重要です。

　抗体とはタンパク質でできており、体内で異物とくっついて悪さをできなくするはたらきがあります。そして、異物の排除もできるのです。

　実際は図3-3のようにYの字の形をしており、二股に分かれているほうが異物と結合します。この二股の先端の構造には、無数のバリエーションがあり、それぞれが特定の異物に結合する専用の抗体となっています。

　この関係は、受容体の鍵と鍵穴の関係と非常に似ています。

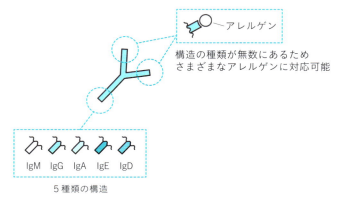

図3-3

　なお、Yの字の下側の部分はその構造の違いによって5つに分類されていて、「IgM」「IgG」「IgA」「IgE」「IgD」と名付けられています。
　「Ig」というのは、抗体の別名である「免疫グロブリン（Immunoglobulin）」を省略したものです。
　それぞれに役割があり、IgMは病原体が感染した初期の段階で活躍し、IgGは感染から時間が経過すると活躍し始めます。
　IgAは腸ではたらく抗体で母乳にも含まれ、乳児の腸にも届けられます。

　花粉症に深く関係している抗体はIgEです。次節で説明するので、これだけでも頭の片隅においてください（ちなみに、IgDの機能は不明）。

　人間の体で、一度でも抗体がつくられれば、その情報は記憶されます。例えば、同じ病原体が再び侵入すると、すぐに同じ抗体が大量に産生されるのです。
　「ワクチン」はこのしくみを利用していて、予防接種は特定の病原体に感染する前に、対応する抗体を意図的につくっておく方法です。これは第4章で詳細を解説します。
　それでは、花粉症のメカニズムを見ていきましょう！

2 鼻水やくしゃみが止まらない理由

ポイントは「ヒスタミン」

　それでは、いよいよ花粉症の話に入っていきます。異物である花粉が体内に入ると、何が起こるのか。そのメカニズムを見ていきましょう。

　ポイントは、体内に存在している「**ヒスタミン**」という物質です。

　鼻水やくしゃみが止まらなくなってしまうのは、花粉がきっかけとなり、体内でヒスタミンが多量に放出されるためです。

　少々複雑ですが、ヒスタミンがはたらくことによって花粉症の症状が出ることは必ず覚えておいてください。

　じつは、症状が出る前と、症状が出るようになってからでは、花粉にさらされたときに体内で起こることが変わります。図3-4は症状が出る前の場合です。

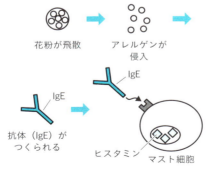

図3-4

まず、鼻の粘膜から、花粉の成分（タンパク質）が体内に侵入します。

　これが花粉症の症状を引き起こす大元で、このような物質は「アレルゲン」と呼ばれています。それに対して前節で紹介した免疫細胞たちが協力して、花粉のアレルゲンと結合する抗体（「IgE」のタイプ）がつくられます。そして、抗体産生細胞から発射されます。

　このIgEのY字の二股の部分が、アレルゲンと結合します。

　一方、Y字の下側の部分は、「マスト細胞」という免疫細胞にくっつきます。この細胞は鼻の粘膜の近くに存在しており、IgEのY字の下側の部分と結合する部位をもっています。そして、その細胞内にあるのが「ヒスタミン」です。

　ここでヒスタミンが登場しましたね。しかし、まだこの段階では放出されません。花粉にさらされ続け、体内でIgEがある程度つくられてから、次に花粉がきたときに放出されます。

　その過程を示したのが図3-5です。

　侵入してきた花粉のアレルゲンは、マスト細胞にくっついているIgEに結合します。このときに、マスト細胞からヒスタミンが放出されるのです。そのヒスタミンは、鼻の粘膜にある神経の細胞に存在している「ヒスタミン受容体」に結合します。

　これをきっかけとして、鼻水やくしゃみといった症状が起き、アレルゲンの排除が行なわれるのです。

　体を守るための反応とはいえ、生活に支障をきたすほどの症状になってしまう場合も多いでしょう。この症状を止めるのが薬、というわけです。

　どのようなしくみで止めるのか、次節で見ていきます。

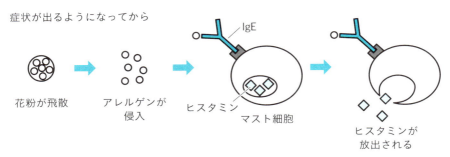

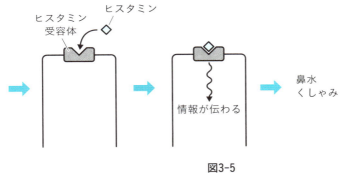

図3-5

3 ヒスタミンを「ブロック」！

　前節で説明したとおり、鼻水やくしゃみの原因は、ヒスタミンがヒスタミン受容体に作用することでしたよね。それをくい止めるのが、OTC医薬品として手軽に購入できる「抗ヒスタミン薬」と呼ばれるタイプの薬です。

　この薬は、図3-6に示したようにヒスタミン受容体に結合します。そのため、ヒスタミンはブロックされて受容体に結合できず、その作用が減弱します。そして、花粉症の症状が抑えられるのです。

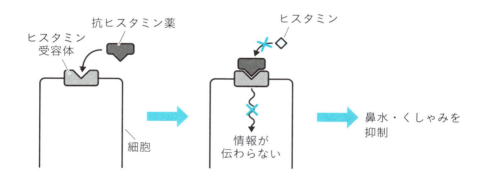

図3-6

　皆さんもご存じのとおり、花粉症の大元の原因は、鼻の粘膜から体内に侵入するアレルゲン（花粉成分）です。
　しかし、抗ヒスタミン薬は、このアレルゲンに対して作用するわけではありません。**「アレルゲンが引き金となって体内で放出される、ヒスタミンのはたらき」を阻害**しているのです。

眠気が生じる「第一世代」

それでは、いろいろな抗ヒスタミン薬を見ていきましょう。開発された順を追って紹介していきます。

初期の頃に開発された抗ヒスタミン薬は、「第一世代」として分類されています。「クロルフェニラミン」「ジフェンヒドラミン」「クレマスチン」「プロメタジン」などの薬が挙げられます。これらの薬の特徴は、**眠気が生じることが多い**点です。

そのため、自動車の運転など、危険を伴う機械の操作をしてはいけません。OTC医薬品によく含まれており、鼻炎薬に限らず、「（総合）かぜ薬」にも配合されているので注意してください。各々の薬の構造式と、それらが有効成分として含まれているOTC医薬品の例を示しました。

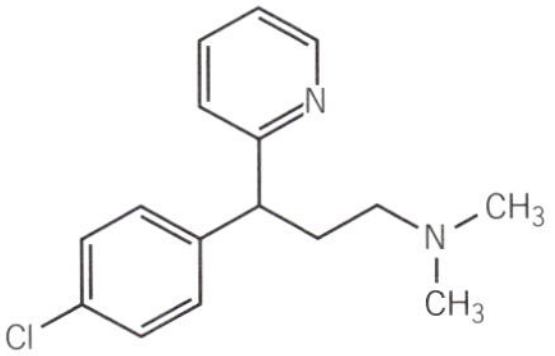

クロルフェニラミン
エスタックイブ（エスエス製薬）
パブロンSゴールドW錠（大正製薬）
ジキナ鼻炎カプセルS（富士薬品）

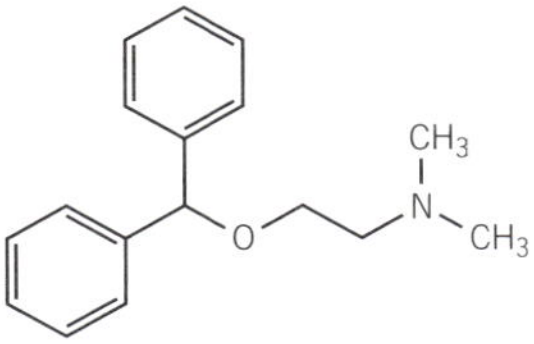

ジフェンヒドラミン
レスタミンコーワ糖衣錠（興和）

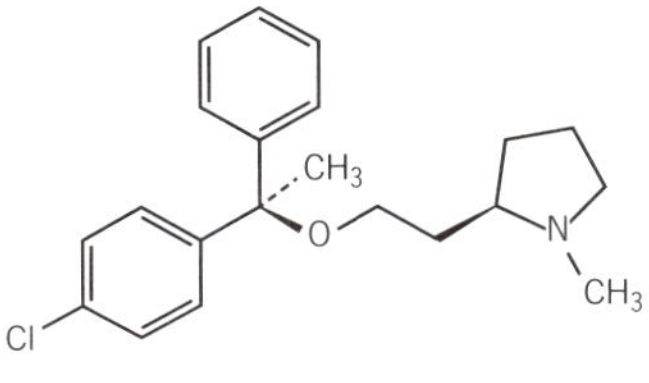

クレマスチン
新ルル-A錠s（第一三共ヘルスケア）
龍角散鼻炎朝タカプセル（龍角散）

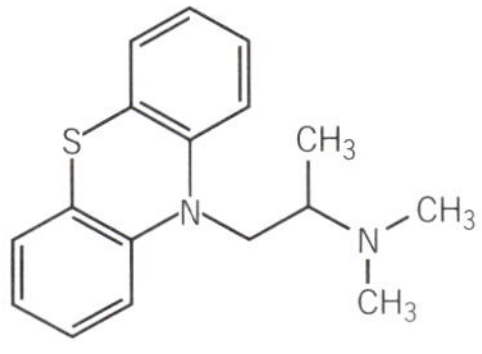

プロメタジン
パイロンPL顆粒（シオノギヘルスケア）

図3-7

ちなみに、一時的な不眠に使う「睡眠改善薬」である「リポスミン（皇漢堂製薬）」や「ドリエル（エスエス製薬）」は、この抗ヒスタミン薬の眠気を利用したOTC医薬品です。有効成分としてジフェンヒドラミンが使われています。花粉症の薬では副作用である眠気の効果を、睡眠改善薬として利用したわけですね。

　「花粉症はつらい」でも、「眠気に耐えながら家事・仕事・勉強をするのもしんどい……」、そんな人のために、次はこれを改良した薬についてお話しします。

4 眠くなりづらい薬は 「水になじみやすい」

　ここまで紹介した抗ヒスタミン薬は、眠気を催してしまうことが問題でした。

　この副作用は、薬が脳に移行してしまうことが原因です。脳は体からの刺激を処理し、指令を行なう場所です。意識や気分、そして眠りにも深く関わっており、抗ヒスタミン薬が脳内に入り込むと、脳のはたらきに影響を与えて眠気を引き起こしてしまうのです。

　それでは、ヒスタミンは脳内でどのようなはたらきをしているのでしょうか？　ヒスタミンは、花粉症になる過程とは関係なく、もともと脳内に存在しています。

　脳内のヒスタミンは、脳の神経細胞に存在するヒスタミン受容体に結合し、覚醒状態の維持に深く関わっています。抗ヒスタミン薬が、この受容体に結合してヒスタミンをブロックしてしまうと、このはたらきを抑えてしまうのです。

　その結果、覚醒とは逆の状態である睡眠を催すのです。

　ということは、**「脳に移行しない抗ヒスタミン薬」が開発できればいい**わけです。

　そして、この改良に成功したものが、「第二世代」の抗ヒスタミン薬です。「フェキソフェナジン」「エピナスチン」「セチリジン」などの薬があげられます。

第3章　アレルギーの鍵穴を埋める

第二世代の抗ヒスタミン薬は、ドラッグストアで手に入るの？

例えば、「アレグラFX（久光製薬）」や「アレルビ（皇漢堂製薬）」にフェキソフェナジンが、「アレジオン20（エスエス製薬）」にエピナスチンが含まれているよ！

脳に到達しないための、化学的設計

　通常、薬は血管を通って運ばれ、脳に到達します。ただし、**血管内にある薬は、簡単には脳に入り込めません**。脳は、むやみに化学物質が入ってこないように「血液脳関門」というバリアーで守られているからです。

　私たちの体には「毛細血管」という細い血管が張り巡らされています。血管の中でも細く、太さが0.01ミリメートル前後しかありません。血液と組織の間で、酸素や二酸化炭素、栄養、老廃物の移動を行なう役割を担っています。

　そのうち、脳に存在する毛細血管は、その他の一般的な毛細血管と比較すると、構造が異なります。

　図3-8 Aのように、一般的な毛細血管を構成する細胞（内皮細胞）の間にはすきまがあり、その間から薬が簡単に移行できるようになっています。

　しかし、脳の毛細血管を構成する内皮細胞は、とても密着しています（図3-8 B）。さらに、その周囲を、別の細胞（ペリサイト、アストロサイト）が囲い込み、化学物質が簡単には通過しないようになっているのです。これが血液脳関門の正体です。

A　一般的な毛細血管（断面）　　B　脳の毛細血管（断面）

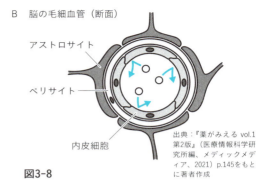

図3-8

出典：『薬がみえる vol.1 第2版』（医療情報科学研究所編、メディックメディア、2021）p.145をもとに著者作成

　この関門を突破して脳に移行する薬には、ある特徴があります。
　それを端的に説明すると、**「油になじみやすい性質」**です。
　化学物質には、油になじみやすい性質のものと、水になじみやすい性質のものとがあります。
　血液脳関門は、前者のほうが通過しやすい特徴があります。これは細胞の膜に、油になじみやすい構造がたくさん含まれているからです。
　油と油は混じり合い、水と油は混じり合いませんから、水になじみやすい薬は通り抜けづらいのですね。

　さて、話を抗ヒスタミン薬に戻しましょう。
　第一世代の抗ヒスタミン薬には油になじみやすいという共通した性質があります。そのため、血液脳関門を通過しやすく、毛細血管から脳に容易に移行してしまうのです（図3-9 A）。

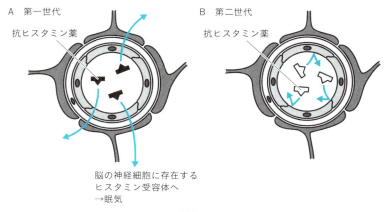

図3-9

　一方、眠気の発生を抑えた新しい抗ヒスタミン薬は、第一世代のものよりも水になじみやすい構造にしたことで、血液脳関門を通過しにくくなりました（図3-9 B）。薬の化学的な構造を適切に設計することにより、問題を解決したのです。

　第一世代と第二世代の抗ヒスタミン薬の、具体的な構造は図3-10 A、Bを見てください。少し難しいので詳細は割愛しますが、水になじみやすい性質をもたらす、特徴的な構造を一つ紹介しましょう。

　第二世代の抗ヒスタミン薬である「フェキソフェナジン」と「セチリジン」の構造式にある、破線で囲った部分が、「カルボキシ基」と呼ばれる代表的な構造です（図3-10 B）。これは、お酢の成分である「酢酸」にも含まれています（図3-10 C）。お酢は水とよく混ざり合うことからわかるように、構造内にカルボキシ基が含まれていると、その薬は水になじみやすくなります。

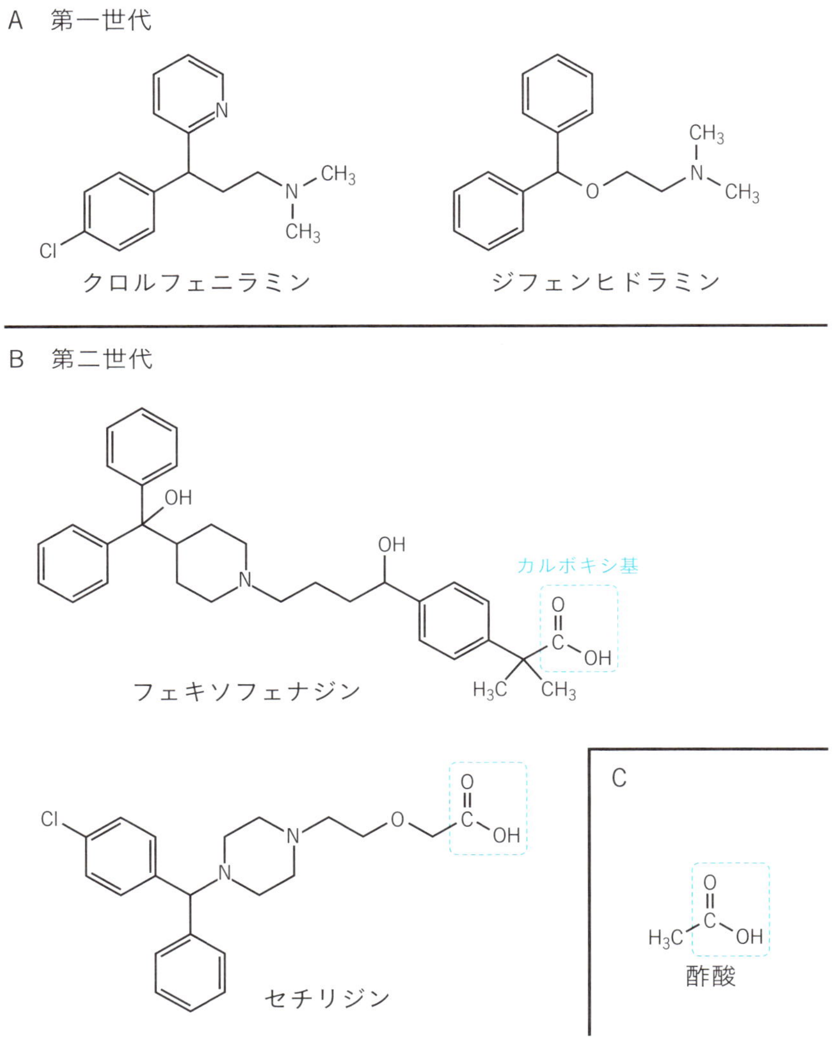

A　第一世代

クロルフェニラミン　　　　　　ジフェンヒドラミン

B　第二世代

カルボキシ基

フェキソフェナジン

セチリジン

C

酢酸

図3-10

　このように、目的に合った望みの分子を得るために、**「化学的な構造を適切に設計する」ことが、医薬品の開発において重要**なのです。

　こうして、抗ヒスタミン薬がもつ弱点を克服することができました。

81

いつも買っている、あの薬にも……

　最後に、第二世代の抗ヒスタミン薬についてもう少しおまけの話を。

　医療用医薬品の「アレグラ」についてです。名前が知れ渡っているこの医薬品は、先ほどのフェキソフェナジンが有効成分です。

　当初は医療用医薬品としてしか扱われていませんでしたが、徐々に手に入れやすくなった経緯があります。

　2012年にOTC医薬品の「アレグラFX（久光製薬）」として販売されるようになりました。

　一足先（2011年）に、「ロキソニンS（第一三共ヘルスケア）」が、OTC医薬品として発売されており、これらは医療用医薬品がOTC医薬品として登場した代表的な例です。

　このようなOTC医薬品を「スイッチOTC」といいます。当時は、アレグラFXは第1類医薬品であり、薬剤師による説明が必要でした。その後、2016年には第2類医薬品に移行されて、薬剤師の説明がなくても買えるようになりました。

　今ではスイッチOTCが増えて、強い薬や配合量の多い薬がドラッグストアなどで簡単に購入できるようになりました。それによって、病院に行かなくても、つらい症状に対処できるようになってきています。

　しかしその分、第2章でも述べたような副作用の心配も増えてしまうため、薬剤師への相談を忘れないようにしましょう。

| Column | 注意したい薬の飲み合わせ |

薬を服用する上で、薬同士の飲み合わせに注意する必要があります。

例えば、「酸化マグネシウム」や「水酸化マグネシウム」といった胃薬や便秘薬の有効成分と、一部の抗菌薬の飲み合わせが挙げられます（抗菌薬の詳細は次章）。

胃で薬同士がくっついて、抗菌薬が吸収されにくくなるのです。

そのため、感染した細菌を攻撃する抗菌薬の効果が充分に得られなくなってしまいます。

また、解熱鎮痛薬と総合かぜ薬を同時に服用することにも危険性が潜んでいます。

総合かぜ薬の中にも解熱鎮痛薬が含まれているため、効果が重なって効き過ぎてしまい、副作用が生じやすくなります。第2章で述べた、イブプロフェンによる胃腸障害や、アセトアミノフェンによる肝臓への障害などを引き起こすおそれがあるのです。

胃薬や便秘薬、一部の解熱鎮痛薬、そして総合かぜ薬と、ドラッグストアで薬剤師に相談せずとも買えてしまうものにはとくに注意しましょう。

もちろん医療用医薬品同士の飲み合わせにより、副作用が生じることもあります。

これを防ぐためには、かかりつけの薬局をもち、お薬手帳を利用することが重要です。薬剤師が、患者さんが服薬している医療用医薬品を容易に把握できます。

OTC医薬品を服用している場合、そのことも積極的に伝えましょう。

体を襲う菌・ウイルスと戦う

この章でわかること

- ☑ 細菌とウイルスは何が違うのか
- ☑ 抗菌薬と抗ウイルス薬は、どうやって病原体を倒すのか
- ☑ 耐性菌が抗菌薬を無力化するメカニズム
- ☑ ワクチンで病気を予防するしくみ
- ☑ 現在使われている、4種類のワクチン

1 細菌とウイルスの違い

　私たちを苦しめる感染症には、さまざまな種類があります。高熱を引き起こすインフルエンザや新型コロナウイルス感染症、ノロウイルスやカンピロバクターによる食中毒の症状などに加え、一般的な風邪も感染症の一種です。

　また、幼い時期に予防接種を受けて防いでいる、麻疹（はしか）・風疹・結核なども感染症です。

　このような感染症は、細菌やウイルス、さらには真菌（カビ）や原虫といった、小さな「微生物」が原因です。

　たくさんの感染症が知られていますが、本書では、とくに感染症の種類が多い「細菌」と「ウイルス」に絞って解説します。

　この2つは、よく知られている用語だと思いますが、異なる種類の微生物です。とはいえ、感染症を引き起こす大まかな流れは似ています。

　どちらもさまざまな経路で体内に侵入し、潜伏期間を経た後に感染症を発症させます（図4-1）。潜伏期間の間に微生物が体内で増殖し、やがて私たちの体に症状が現れるのです。

　体内で悪さをする微生物に作用し、それらが引き起こす感染症に効果をもつ薬があります。そのうち**細菌による感染症に効く薬は「抗菌薬」、ウイルスによる感染症に効く薬は「抗ウイルス薬」**と呼ばれています。薬が作用するメカニズムは、そのターゲットによって異なります。

　まずは、薬のターゲットである細菌とウイルスが、どういった微生物なのか見ていきましょう。

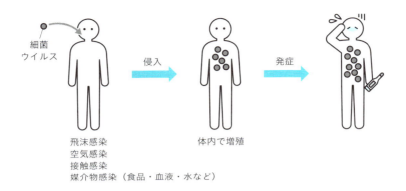

図4-1

細菌とその成り立ち

　細菌は、たった1つの細胞から成る「単細胞生物」に分類されます。この言葉は、理科や生物で習った記憶がある人も多いと思います。細菌ではありませんが、アメーバやミドリムシが、よく知られている単細胞生物です。一方で、私たちはたくさんの細胞から構成されているので、「多細胞生物」に分類されます。

　さて、そんなシンプルな体をもつ細菌ですが、さまざまな種類が存在します。例えば棒状のものや、ブドウのような形のもの、さらにはらせん状の形のものなどが存在します（図4-2 A）。

　その性質も多様で、酸素を好むものや、逆に酸素を嫌うもの、酸性の環境に強いものに、「芽胞」という簡単には壊れない殻で身を守るものなどがあります。

　大きさは1μm（マイクロメートル）程度で、肉眼では見えませんが、顕微鏡で確認できる大きさです。1μmは1mmの1000分の1の大きさなので、1μmは0.001mmですね。

そんな小さな細菌ですが、もちろん私たちと同様に「遺伝子」の本体である「DNA」をもちます。DNAは「deoxyribonucleic acid」の略であり、日本語だと「デオキシリボ核酸」といいます。

　DNAは、生命の体を形作るタンパク質の設計図であり、その化学的な構造に大切な情報が詰まっています。

　細菌は増殖する際に「細胞分裂」を起こし、その体が2つに分裂します。このとき、設計図であるDNAも複製され、分裂した細胞のそれぞれがDNAをもつようになります（図4-2 B）。

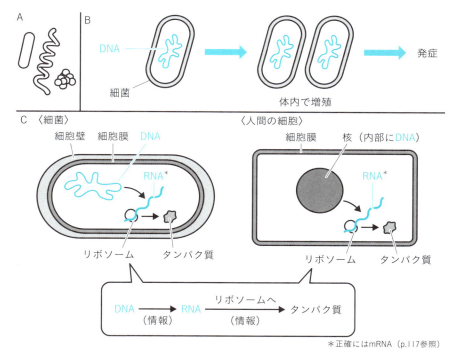

図4-2

私たちに感染した細菌は、感染症の症状が表れるまで、体内で細胞分裂をして増殖します。この潜伏期間を経て、症状が表れるのです（発症）。

　次に、抗菌薬のしくみを語る上で知っておきたいことを2つ説明します。

タンパク質をつくる工場「リボソーム」

　まずは、細胞内にある「リボソーム」。

　先ほど、DNAがタンパク質の設計図であることを述べました。ですから、DNAの情報をもとにしてタンパク質はつくられるわけですが、その過程にリボソームが登場します。その一連の流れをまとめたのが図4-2 Cです。

　タンパク質がつくられるときにはまず、DNAの設計図がDNAと似たような構造をもつ「RNA（ribonucleic acid：リボ核酸）」に写されます。

　すると、情報を受け取ったRNAに、細胞内にあるリボソームが付着していきます。

　リボソームは、RNAがもつ情報をもとにしてタンパク質の材料であるアミノ酸をつなげて、タンパク質をつくり出すのです。

　私たちの体を構成する細胞にも「核」の内部にDNAが、細胞内にはリボソームが存在していて、細菌と同様の流れでタンパク質がつくられています。核の中でRNAが情報を受け取った後はDNAから離れ、タンパク質をつくるために細胞内にあるリボソームに移動します。

　このように**リボソームは、タンパク質を生産する工場のような場所**なのです。

人にはない「細胞壁」

もう一つの知っておきたいことは、細菌の細胞を囲う「細胞壁」についてです。**この有無は、細菌と私たちの細胞で大きく異なる特徴**です。

図4-2 Cに示したように、私たちの細胞は「細胞膜」で囲われていますが、細菌はそれに加えて細胞壁に囲われているのです。

細菌よりもずっと小さいのが「ウイルス」

語源は「毒（virus）」であり、その大きさはおおよそ100nm前後です。

1 nm（ナノメートル）は、1 μmの1000分の1の大きさなので、細菌よりも小さいことがわかります（100nm＝0.1μm）。

近代細菌学の開祖といわれているルイ・パスツールは、狂犬病のワクチンを開発しました。しかし、この病気を引き起こす「狂犬病ウイルス」は発見できませんでした。

また、千円札の肖像になっていた野口英世は、黄熱（病）の研究をしていました。しかし、原因となる「黄熱ウイルス」を発見することはできませんでした。

なぜなら、ウイルスは小さいため、「電子顕微鏡」という優れた測定能力（分解能）をもつ顕微鏡が開発されるまで、その姿を確認できなかったからです。

そんな小さ過ぎるウイルスは、細胞から成り立っているわけではありません。

その体は、遺伝情報であるDNAもしくはRNAと、「カプシド」というタンパク質でできた殻で構成されています（図4-3）。その他に、DNAまたはRNAが、脂質でできた「エンベロープ」と呼ばれる膜に包まれている

ものもあります。

多くの場合、このエンベロープはエタノールによって破壊されるため、このタイプのウイルスにはアルコール消毒が有効なのです。

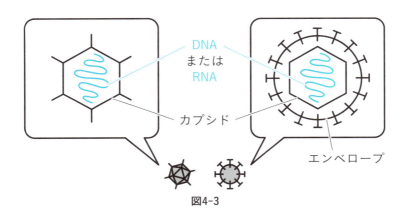

図4-3

ウイルスはひとりで生きていけない

ウイルスの特徴は「**自分自身だけでは増えることができない**」点です。感染相手の生物に依存して大量に増殖するのです。

感染した動物や植物の細胞内に侵入し、そこにある物質を材料として、感染した細胞の機能を利用しながら大量に増殖していきます。増殖したウイルスは細胞から飛び出し、別の細胞の中に侵入し、体内をどんどんと侵食していきます。

感染した細胞は正常な状態ではなくなったり、死んだりしてしまいます。これが、ウイルスの恐ろしさなのです。

ウイルスは単体で増殖できないばかりか、動物や植物、そして細菌のように、なんらかの栄養を取り込み、エネルギーに変えて活動することさえできないのです。

そのため、便宜上は微「生物」に分類されているウイルスですが、生物とは見なされません。これらを考慮してあらためてウイルスの構造を見てみると、私たちの体内で増殖することが予めプログラムされた、タンパク質の装置のようにも見えてきます。

　いずれにせよ、ウイルスも細菌と同様に、人に感染して体内で増殖し、潜伏期間を経て発症に至ります。この大まかな流れは、軽い風邪を引き起こすウイルスも、重篤な症状をもたらすウイルスも同様です。
　それでは、次節から本題である抗菌薬と抗ウイルス薬の話に入ります。

2 | 抗菌薬のしくみ

　まずは抗菌薬のしくみについてお話しします。抗菌薬は、体内に侵入して悪さをする細菌に狙いを定め、その効果を発揮します。

　これまで本書で紹介してきた薬は、私たちの体内のシステムに影響を与えるものでしたので、考え方が異なりますね。

　そんな抗菌薬には多くの種類がありますが、代表的なものをいくつか紹介します。そのしくみの詳細は種類によって異なるため、それぞれの薬が細菌のどの部分をターゲットにしているのか注意して見ていきましょう。

細菌だけが持っているものを標的に

　まずは「β-ラクタム系抗菌薬」と呼ばれる薬です。

　耳なじみのない名前ですが、「ペニシリン」といえば、聞いたことがあるのではないでしょうか。

　この薬は前節で紹介した、細胞壁をターゲットにします。細菌には細胞壁があり、人間の細胞には細胞壁が存在しませんでした。

　細菌と人間の細胞の構造の違いを利用することで、ターゲットを細菌に絞って効果を上げるとともに、薬が私たちに悪い影響を与えないようにしているわけです。

　とはいっても、ペニシリンの発見は偶然によるものでした。

　時は1928年にまで遡ります。

　ペニシリンを発見したのは、イギリスの細菌学者、アレクサンダー・フレミングです。彼は「黄色ブドウ球菌」という細菌を培養していました。

ある時、そのシャーレ（培養に使うガラス製の器）に青カビが意図せず混入してしまいましたが、彼は気づかずに休暇を取りました……。

　休暇を終えて細菌の状態を見ると、混入した青カビの周囲には細菌が繁殖していませんでした。つまり、青カビが黄色ブドウ球菌の繁殖を抑える物質を産生していることが示唆されたわけです（図4-4 A）。

　その後、この青カビの培養液は感染症をもたらすさまざまな細菌に同様の効果をもつことがわかりました。フレミングはこの物質を、この青カビの属名である「ペニシリウム属」からとって「ペニシリン」と名付けました。

　それから約10年後……。ハワード・フローリーとエルンスト・ボリス・チェーンという研究者が、実際に青カビの培養液からペニシリンを粉末として取り出しました。さらに時は流れ、1940年代後半から感染症の治療に広く用いられるようになりました。

　なお、この3者は、この功績により1945年のノーベル生理学・医学賞に輝いています。その後は化学反応によって人工的にペニシリンの改良品が開発されたり（合成ペニシリン）、別の種類の微生物からペニシリンと似た構造をもつ新たな物質が発見されたりしました（図4-4 B）。

　図に示すとおり、共通の構造として「β-ラクタム環」をもつため、β-ラクタム系抗菌薬と呼ばれています。

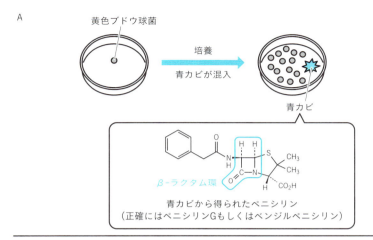

図4-4

今も使われ続ける「ペニシリン」が効くしくみ

　現在に至るまで、多くのβ-ラクタム系抗菌薬が開発されてきたわけですが、細菌を倒すメカニズムは同様です。ここまでで述べたとおり、この薬のターゲットは細胞壁です。

　細菌の細胞壁は、おもに「ムレインモノマー」という構造がいくつもつながった「ペプチドグリカン」でできています。

　このムレインモノマーは、六角形の構造をもつ「N-アセチルグルコサミン」と「N-アセチルムラミン酸」がつながった部分と、そこから飛び出るようにアミノ酸が5つつながった部分から成ります（図4-5 ①）。

どちらの成分もなじみがないな……

N-アセチルグルコサミンのほうは、昆虫や甲殻類の硬くて弾力のある体に使われているよ！ その体を構成する「キチン」という物質は、N-アセチルグルコサミンからできているんだ

　ムレインモノマーは、図に示したように六角形の部分が酵素によってつなげられ、伸びていきます（②）。

　多数のムレインモノマーが連結した「ペプチドグリカン鎖」は、②と同じ酵素の働きによって、その鎖同士がアミノ酸の部分でつながれていきます（③）。このとき、新たな5つのアミノ酸が両者をつなげ、もともとくっついていたアミノ酸は1つ外れます。

　こうして、ペプチドグリカン鎖がつながっていき、縦糸と横糸から成る織物のような強固な網目構造の壁である「ペプチドグリカン」が完成するのです（④）。

　この2度はたらく酵素は、「ペニシリン結合タンパク質（Penicillin-Binding Protein：PBP）」と呼ばれています。
　その名が示すとおり、ペニシリンをはじめとするβ-ラクタム系抗菌薬は、この酵素と結合して、そのはたらきを阻害します。この薬が作用するのは、アミノ酸同士が結びつく③の段階です。

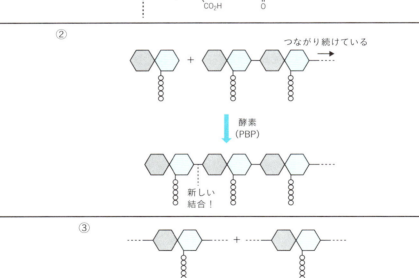
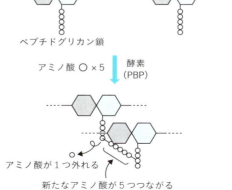

④

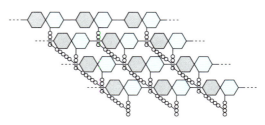

　　　　　　　　　　　ペプチドグリカン　　出典：『薬がみえる vol.3 第2版』（医療情報科学研究所編、メディックメディア、2023）p.138をもとに著者作成
　　　　　　　　　　　　図4-5

　それでは、そのしくみを見ていきましょう。
　③はペニシリン結合タンパク質（PBP）がもつヒドロキシ基と、ペプチドグリカン鎖にぶら下がっているアミノ酸が結合することによりスタートします（図4-6 A）。
　PBPがきっかけになって網目構造の構築が始まり、ペプチドグリカンの層が完成に導かれるのです。
　β-ラクタム系抗菌薬は、このヒドロキシ基と先に結合し、ペプチドグリカン鎖と結合できないようにします（図4-6 B）。そして、この結合の形成に関わるのが四角形の部分である「β-ラクタム環」なのです。β-ラクタム系抗菌薬が共通の構造としてβ-ラクタム環をもっているのはこのためです。

　ヒドロキシ基がはたらかなくなったPBPは、酵素としての機能を失います。結果として、細菌は細胞壁がつくれなくなり、生きていけなくなるのです。
　β-ラクタム系抗菌薬は、このようなメカニズムで細菌を倒しています。

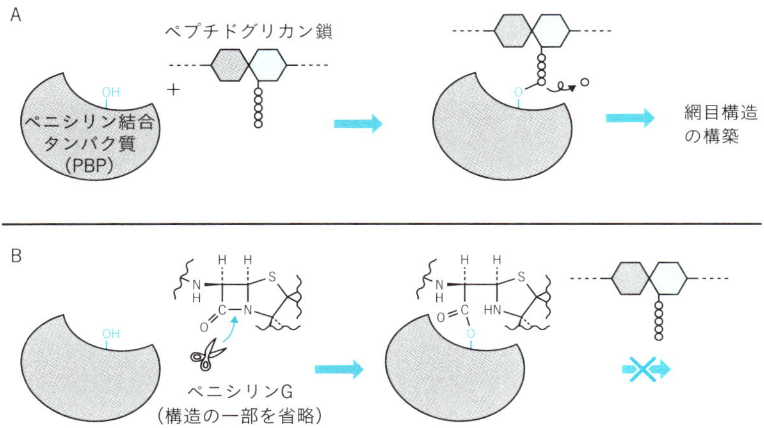

A

ペプチドグリカン鎖

ペニシリン結合
タンパク質
(PBP)

網目構造
の構築

B

ペニシリンG
(構造の一部を省略)

図4-6

「リボソーム」でタンパク質をつくれなくする薬

　続いて紹介するのは、細菌のリボソームをターゲットにした抗菌薬です。これは、細胞内でタンパク質を生産する工場のようなところでしたね。

　ここに抗菌薬を結合させて、タンパク質の産生を阻害することを狙います。細菌が分裂して増殖するためには、その体の構成成分であるタンパク質の産生が必要不可欠です。それを阻害すれば、細菌の増殖を抑えられるのです。

　さて、細胞壁とは異なり、リボソームは人にも存在しています。ですから、一見「私たちのリボソームにも抗菌薬が作用してしまう」と思うかもしれません。

　しかし、人間と細菌のリボソームを細かく見てみると、じつは両者の構造には違いがあります。そのため、人間には作用しにくいのです。

　細菌のリボソームのはたらきを阻害するものとして、
・マクロライド系抗菌薬（「エリスロマイシン（商品名：エリスロシン）」

や「クラリスロマイシン（商品名：クラリス、クラリシッド）」など）
・アミノグリコシド系抗菌薬（「ストレプトマイシン（商品名：硫酸ストレプトマイシン）」や「ゲンタマイシン（商品名：ゲンタシン）」など）
・テトラサイクリン系抗菌薬（「テトラサイクリン（商品名：アクロマイシン）」や「ドキシサイクリン（商品名：ビブラマイシン）」など）
が発見・開発されました。

　図4-7のように、リボソームはくわしく見ると、大サブユニットと小サブユニットから構成されています。抗菌薬の種類によって、大サブユニットに結合するのか、小サブユニットに結合するのか、もしくは両方に結合するのかが異なるのです。

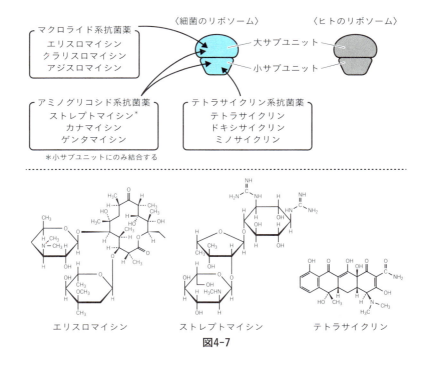

図4-7

「微生物由来」のもので微生物を倒す

　なお、これらの抗菌薬も、もともとは微生物から発見されたものであり、それらを化学反応で人工的に改良したものもあります。それぞれ得意不得意があるものの、その効果が発揮される細菌に応じて使われています。

　中には、先ほど述べたβ-ラクタム系抗菌薬に効果がない細菌に効くものもあります。

　有名なものに、肺炎の一種であるマイコプラズマ肺炎を引き起こす「肺炎マイコプラズマ」という細菌があります。この細菌は例外的に細胞壁をもちません。

　当然、細胞壁をターゲットにしているβ-ラクタム系抗菌薬は通用せず、マクロライド系抗菌薬やテトラサイクリン系抗菌薬が使われるのです。

　ここまで、数ある抗菌薬のうちのいくつかを紹介しました。細菌に効く薬と一言でいっても、そのしくみは1つではありません。今回紹介したもの以外にも、さまざまなメカニズムが存在しています。

　繰り返しになりますが、β-ラクタム系抗菌薬をはじめとして、多くの抗菌薬は、もともとは微生物から発見されています。**微生物を倒すために、微生物から得られた分子を治療に使っている**というのは驚きですよね。

第**4**章

体を襲う菌・ウイルスと戦う

3 耐性菌が自分を守るしくみ

　これまで効いていたはずの抗菌薬が、細菌に効かなくなることがあります。

　このような細菌は「耐性菌」と呼ばれており、抗菌薬を扱う上で問題になっています。

　細菌の遺伝子が突然変異を起こし、特定の抗菌薬に対して耐性をもってしまうのです。また、すでに耐性をもつ別の細菌から、そこに含まれるDNAの一部が受け渡されて耐性菌になることもあります。

ペニシリンと耐性菌

　そのしくみを、青カビから発見されたペニシリン（ペニシリンG）を例に紹介します。

　ペニシリンGは1940年代に実用化されましたが、1960年代には耐性菌が出現してしまいました。

　耐性菌は「ペニシリナーゼ」と呼ばれる新たな酵素を産生するようになっており、その酵素はペニシリンGの構造を図4-8のように変えてしまいます。

　変化した構造の四角形の部分は、PBPに結合して効果を発揮する上で大切なものでした（p.98参照）。こうして、ペニシリンGが効かなくなってしまうのです。

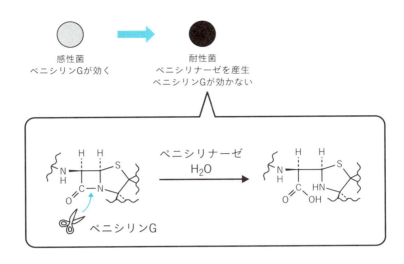

図4-8

　これにとどまらず、さまざまなしくみをもつ耐性菌が出現しています。効いていたはずの薬が効かなくなってしまえば、新しい薬を開発する必要が生じてきます。そして、もし新しい薬が開発されたとしても、再び耐性菌が出現する可能性があります。

　今なお、この耐性菌の出現と新薬の開発の戦いは続いているのです。

4 抗ウイルス薬のしくみ

なぜ、抗ウイルス薬の開発は難しい？

ここでは、抗ウイルス薬について解説していきます。

前述のとおり、ターゲットであるウイルスは生物とは見なされず、細菌とは全く異なる存在です。

ウイルスの体は、DNAもしくはRNAがタンパク質の殻の中に含まれており、種類によっては脂質でできたエンベロープという膜で包まれているのでした。

ウイルスは2つ、もしくは3つの成分だけで構成されており、抗菌薬のターゲットになっていた細胞壁やリボソームなどは存在しません。そのため、抗菌薬はもちろん効かず、抗ウイルス薬が必要になります。

しかし、**抗ウイルス薬の開発は困難であり、現在も大半のウイルスには抗ウイルス薬がありません。**

例えば、風邪を引き起こすウイルス（アデノウイルス・ライノウイルス・〈新型ではない〉コロナウイルス）、手足口病のコクサッキーウイルス、食中毒で有名なノロウイルス、熱帯・亜熱帯地域に見られるデングウイルス（デング熱）などの抗ウイルス薬は開発されていません。

この大きな理由として「ウイルスを攻撃するために投与した薬が、人の細胞にも害を与えてしまう」ことが挙げられます。ウイルスは人の細胞を利用して増えるので、このような事態が起こりやすいのです。

抗ウイルス薬が未開発の感染症に対しては、症状を和らげる対症療法と、自身の免疫に頼るほかありません。ですから、充分に休息して栄養を取る

必要があります。

　もちろん、ワクチンが有効なウイルスもあるため、予め接種をしておき、感染症による重篤化を防ぐことも可能です（第4章5節参照）。

　それでは、製品化までたどり着いた抗ウイルス薬を例に、そのしくみを見ていきます。

インフルエンザウイルスにある無数の「スパイク」

　これまで長く人類を苦しめてきたインフルエンザ。この原因となる「インフルエンザウイルス」を抗ウイルス薬はどう撃退するのでしょうか？新しい用語が多く出てきますが、ぜひついて来てください。

　まずは、インフルエンザウイルスの構造から見ていきます。

　このウイルスは、遺伝情報（設計図）としてRNAをもっています（図4-9）。カプシドはRNAとともに存在しており、それら全体がエンベロープに包まれています。

　エンベロープからはスパイク状に突き出ている数百本の「ヘマグルチニン（Hemagglutinin：以下HA）」と「ノイラミニダーゼ（Neuraminidase：以下NA）」という、タンパク質を主成分とした構造があります。

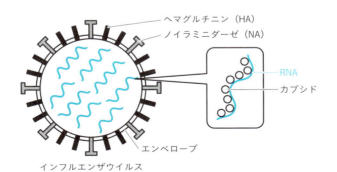

図4-9

さて、インフルエンザは冬頃にはやることが多く、しかも頻繁に流行が起きます。発症して、このウイルスに対する抗体ができても、2回目、3回目とかかってしまうこともあります。

インフルエンザウイルスに何度も感染する理由

私たちの体にできた抗体が、同じウイルスに通用しないことがあるのはなぜか？

それは、インフルエンザウイルスが変異しているためです。

じつはこのウイルスは、A型・B型・C型の3種類があり、重篤な感染症を引き起こすのはA型とB型だとわかっています。

変異が起こる、つまり遺伝情報であるRNAの一部が変化すると一番外に突き出ているHAやNAの構造も変わります。

A型インフルエンザウイルスには16種類のHAと9種類のNAが報告されており、その組み合わせによって144種類に分類されます（16×9＝144）。

このようにHAとNAの部分が変化して微妙に姿が変わるため、抗体ができたとしても、またインフルエンザを発症してしまうのです。

インフルエンザウイルス感染から発症までの流れ

抗インフルエンザ薬のしくみを説明する前に、まずはこのウイルスが私たちに感染して増殖する過程を見ていきましょう。大きく分けると、4段階からなります（図4-10）。

①ウイルスによる細胞への吸着が起こる。私たちの口や鼻から入り込んだインフルエンザウイルスの多くは、まずは気道にある細胞内に侵入する。

このウイルスのエンベロープから突き出ているHAは "のり" のような もので、人間の細胞膜に存在している「シアル酸」という分子を目印に貼 り付いてくる

　②ウイルスによる細胞への侵入と脱殻が起こる。脱殻とは、ウイルスが 細胞内に入り込み、エンベロープの中にあったRNAが細胞内に流れ込む こと

　③細胞内でウイルスのRNAが増え、タンパク質がつくられる。

　「RNAポリメラーゼ」という酵素がはたらき、ウイルス由来のRNAの情 報をもとにして、私たちの体内にある材料によって新たなRNAがつくら れる。

　新たに生じるインフルエンザウイルスが遺伝情報としてもつことになる RNA（図のA）と、タンパク質を産生するためにリボソームに向かうRNA ができる（図のB）。

　後者のRNAの情報をもとに、私たちの細胞内にあるリボソームを利用 して、新たに生じるインフルエンザウイルスの体を構成するタンパク質が つくられる。この際、やはり私たちの体内にある材料が使われて、タンパ ク質がつくられる

　④パーツが組み合わさってウイルスが完成し、細胞外に放出される。1 つの細胞から、数千個ものウイルスが放出されると推定されている。ここ で重要になるのが、エンベロープから突き出ているNA。

　これは "はさみ" のようなもので、放出の際に、連結する私たちの細胞 のシアル酸とウイルスのHAを切り離す

　放出されたウイルスはさらに他の細胞でこのサイクルを続け、私たちの 体内でインフルエンザウイルスが一気に増殖するのです。

107

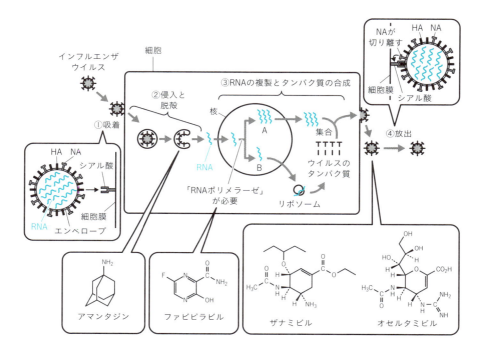

図4-10

「発症後すぐ」に飲む必要がある理由

　さて、インフルエンザウイルスに効く薬といえば、吸入薬の「リレンザ（商品名：ザナミビル）」や、カプセルもしくはシロップの「タミフル（商品名：オセルタミビル）」が知られています。

　これらの薬は、④の段階、つまりウイルスが放出される最後の段階において、NAの働きを阻害します。

　A型のインフルエンザウイルスにも、B型にも効きます。

　ただし、そのメカニズムからわかるように、リレンザやタミフルは、増殖されたウイルスが細胞から放出してしまった後では効きません。

　インフルエンザウイルスの増殖と放出は、発症後48時間以内にピークに達するため、これらの薬はそれまでに投与したほうが、いい効果が得られるのです。

　また、「ファビピラビル（商品名：アビガン）」という薬は、③の段階を邪魔します。

　「RNAポリメラーゼ」を阻害することでRNAがつくられないようにし、インフルエンザウイルスの増殖を抑制します。

　この薬は、インフルエンザウイルスにより引き起こされるパンデミックに対して国が判断して使えるようになっています。こうした薬が必要なくらい、インフルエンザウイルスは猛威を振るうことがあるのです。

　古くは1918年、「スペイン風邪」として知られるインフルエンザウイルスの大流行により、世界で約4000万人の命が奪われました。

　これは、頻繁に流行する季節性のインフルエンザとは違い、それまでにない変異を起こしたインフルエンザウイルスが引き起こす感染症でした。

第4章　体を襲う菌・ウイルスと戦う

ほとんどの人が抗体をもっていないため、このような新型インフルエンザはたいへん危険です。

　そういった場合に使われるアビガンは、いわば切り札の医薬品となります。

　他にも、ほとんど使われませんが、②の段階を阻害する「アマンタジン（商品名：シンメトレル）」という医薬品もあります（エンベロープに存在する「M2タンパク質」を阻害します）。

　このように、インフルエンザウイルスが増殖する各段階において、特定の構造を標的にする、インフルエンザの治療薬が開発されてきました。

ウイルスと抗ウイルス薬は「1vs1」？

　他にも、ヒト免疫不全ウイルス（HIV）やヘルペスウイルス、B型肝炎ウイルス、C型肝炎ウイルスなどに対して抗ウイルス薬が開発されています。最近では、新型コロナウイルスの抗ウイルス薬もつくられました。

　なお、ウイルスは、種類によって増殖の様式が異なります。

　例えば、ヒト免疫不全ウイルスはエンベロープに存在する「gp120」を、特定の種類の免疫細胞にある「CD4」というタンパク質に結合して侵入し、自身がもつRNAの情報をDNAに写します。

　そのため、一般的にウイルスの種類ごとに抗ウイルス薬が開発されます。

　一方で細菌の場合は、細胞壁とリボソームという共通するターゲットをもっているため、ある抗菌薬が多くの種類の細菌に効くことが往々にしてあります。

　この点も、抗ウイルス薬の開発を難しくしている原因の一つです。

ここまで、抗菌薬と抗ウイルス薬について説明してきました。これらは、原因となる細菌やウイルスをやっつける原因療法です。その他の薬の多くは、生じた症状を抑える対症療法です。風邪に対しても、花粉症に対してもそうでした。

　この先の章についても、対症療法のものがほとんどです。抗菌薬と抗ウイルス薬は、この点が他とは大きく違うところなのです。

第4章　体を襲う菌・ウイルスと戦う

5 感染前に予防する

　この章の最後は、予防接種で使われるワクチンについて見ていきます。皆さんもいろいろな予防接種を、乳幼児の頃から受けてきたのではないでしょうか。

　ワクチンが開発されている感染症には、例えば、次のものがあります。

　細菌が引き起こすものでは、ジフテリア菌の「ジフテリア」や百日咳菌の「百日咳」、結核菌の「結核」などが挙げられます。

　ウイルスが引き起こす感染症では、麻疹ウイルスの「麻疹（はしか）」や風疹ウイルスの「風疹」、水痘帯状疱疹ウイルスの「水痘（水ぼうそう）」などのワクチンが開発されています。

　予防接種は、私たちが特定の細菌やウイルスに感染する前に行ないます。

　対応する細菌やウイルスに抵抗するための抗体が体内にできるため、その病原体が私たちに感染しても、抗体の力で重症化を抑えることができます。

　まずは、ワクチンが使われるようになった歴史を簡単に振り返ってみましょう。

ワクチンは膿の接種から始まった

　ワクチンの開発者として知られているのは、イギリスの医師エドワード・ジェンナーです。

　彼は「天然痘」という感染症のワクチンの開発に成功しています。

　天然痘は紀元前から、致死率の高い感染症として世界に広まっていました。発症すると高熱と激痛に襲われ、顔と手足には無数の発疹が生じ、そ

れらは後に膿がたまった膿疱になります。

この感染症の原因は、「天然痘ウイルス」と呼ばれるウイルスです。

ワクチンの接種が広がることで感染は収束していき、ついに1980年には根絶が発表されました。

ジェンナーが初めてワクチンを試したのは、1796年のことでした。

当時、人がかかる天然痘に加えて、牛がかかる天然痘である「牛痘」も知られていました。原因となる「牛痘ウイルス」は、人を苦しめる天然痘ウイルスと見かけ上は似ています。

日常的に牛の乳搾りを行なっていた女性たちは、牛痘ウイルスに感染してしまうことが多かったのですが、その症状は軽いものでした。そして、牛痘にかかった彼女たちは、天然痘にはかからなくなったのです。

このことを知ったジェンナーは、ある子どもに、牛痘にかかった人の腕にできた膿を注射することにしました。

なんとも恐ろしい話に思えますが、この注射により体内で抗体が産生され、この子どもは天然痘を免れることができたのです。

このようにして、天然痘を予防する「牛痘接種法（種痘）」が開発されたのです。

ここから始まり、人類は天然痘に勝ったんだね！

天然痘の根絶に向けては、天然痘ウイルスと同タイプ（ポックスウイルス科）の「ワクシニアウイルス」に由来するワクチンが使われたんだ

第4章 体を襲う菌・ウイルスと戦う

その後は、フランスのルイ・パスツールとドイツのロベルト・コッホによって病原体の発見やワクチンの開発が進められていましたが、じつはまだ抗体の存在は知られていませんでした。

　明らかにしたのは、ロベルト・コッホのもとに留学した**北里柴三郎**です。
　彼は「破傷風菌」という、私たちの体内で毒素を放つ細菌の研究をしており、その過程で抗体の存在を見つけたのです。
　破傷風菌の予防法や治療法を開発する過程で、この細菌が放つ毒素を中和する何かを血液中に見つけ出し、これを「抗毒素」と命名しました（1890年）。この抗毒素こそ、現在でいうところの抗体です。
　こうして、さまざまなワクチンを開発する基盤が築かれていき、現在に至っています。

ワクチンは病原体の情報を記憶させるもの

　続いて、ワクチンのしくみについて解説していきます。
　先ほどのジェンナーの話から、活発に活動している病原体を、今もワクチンとして使っていると思ってしまうかもしれません。
　現在はそうではなく、**さまざまな方法により病原体がもつ病原性（感染症を発症させる程度）を弱めたり、なくしたりした状態のものがワクチン**として使われています。

　予防接種を受けてしばらくすると、体内の免疫細胞がワクチンに対する抗体をつくり出します。第3章で説明したアレルゲンと抗体の関係と同様です（p.69参照）。
　ワクチンにかんしては、アレルゲンではなく「抗原」という用語を使います。私たちの体内に抗体がつくられるとともに、一部の免疫細胞はその情報を記憶します。

そして、実際に病原体が侵入してきたら、それに対応する抗体を発射するのです。これにより、特定の感染症に備えておけます。

代表的な4種類のワクチン

ワクチンは、そのつくり方によって分類があります。

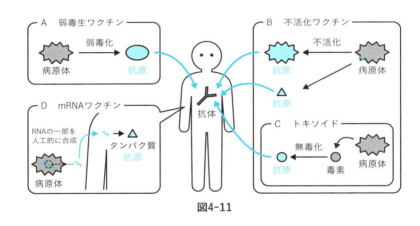

図4-11

まずは「弱毒生ワクチン」です（図4-11 A）。

このタイプは、いろいろな方法で病原体の病原性を弱めたものです（弱毒化）。接種されたワクチンへ免疫細胞がはたらき、抗体が産生されます。

麻疹ウイルス、風疹ウイルス、ムンプスウイルス（流行性耳下腺炎：おたふくかぜ）、ロタウイルス（急性胃腸炎）などに対するワクチンが該当します。

先ほど述べた天然痘のワクチンについても、後に弱毒生ワクチンが使われるようになりました。

この種類は感染症の発症などの副反応を起こしやすい半面、長期にわたって免疫を獲得できるメリットがあります。原則、免疫機能が低下している免疫不全の患者さんや妊婦の方は接種してはいけません。

続いて、「不活化ワクチン」について紹介します（図4-11 B）。

これは、さまざまな方法で病原体の病原性をなくしたものです。病原体自身を死滅させたものや（不活化）、抗原となる部位のみを残したものであり、これらに対して抗体が産生されます。

百日咳菌、インフルエンザ菌（Hib）、ポリオウイルス（ポリオ）、日本脳炎ウイルス（日本脳炎）、インフルエンザウイルス（インフルエンザ）などがあります。

病原性がないため、弱毒生ワクチンと比較すると安全性が高いです。その半面、免疫の持続期間が短いため、追加接種の回数が多くなります。

なお、現在推奨されている、子宮頸がんの発生に深く関与するヒトパピローマウイルスに対するワクチンもこのタイプに該当します。

また、不活化ワクチンには、ウイルスが排出する毒素に対する抗体をつくらせる「トキソイド」と呼ばれるものがあります（図4-11 C）。これは、病原体が産生する毒素を無毒化したもので、これをワクチンとして接種して、抗体をつくります。

先ほど述べた破傷風菌のように、毒素を放出する細菌により引き起こされる感染症が対象です。これ以外にも、ジフテリアを引き起こすジフテリア菌が該当します。

新型コロナウイルスへの「新しいメカニズム」のワクチン

さて、新型コロナウイルスに対するワクチンが開発されたのは、記憶に新しいと思います。このワクチンは、今までにない新しいメカニズムでした（図4-11 D）。

新型コロナウイルスは、遺伝情報としてRNAをもちます。この情報をもとに、私たちの体内のリボソームでタンパク質がつくられ、増殖します。

新型コロナウイルス感染症のワクチンは、このウイルスの遺伝情報を含むRNAを人工的につくり出したものであり、「mRNAワクチン」と呼ばれます。mRNAとは、messenger RNA（伝令RNA）の略称です。

　RNAには種類がいくつかあって、遺伝情報をリボソームに伝えるものがmRNAと呼ばれています。

　このワクチンが投与されると、体内にある材料や機能が使われ、細胞の中でタンパク質がつくられます。

　ワクチンに含まれている遺伝情報は、本来新型コロナウイルスがもつものの一部分しかありません。そのため、体内でつくり出されるのもウイルスの構成成分であるタンパク質の一部だけになります。

　これが抗原となり、免疫細胞がはたらいて抗体が産生されるわけです。

　なお、新型コロナウイルス感染症のmRNAワクチンの実用化を可能にした研究成果により、カタリン・カリコ博士とドリュー・ワイスマン博士が2023年のノーベル生理学・医学賞に輝いています。

　ここまでワクチンのしくみと特徴を見てきました。

　ざっくりまとめると、体内に侵入してきた異物（病原体）に対して免疫細胞がはたらき、それによってつくられる抗体を巧みに利用しているというお話でした。これは、第3章で説明した花粉のアレルゲンに対して抗体ができることと同じ考え方ですね。

　ワクチンは、自分たちの体の免疫細胞のしくみを巧みに利用したものなのです。

第4章

体を襲う菌・ウイルスと戦う

| Column | 食前、食後……薬を飲むタイミングで何が変わる？ |

「食前」や「食後」といった、医薬品を服用するタイミングの話をしましょう。

それらには何か意味があるのでしょうか？

服用における「食後」は、食事の後、およそ30分以内を意味します。

食後に服用するものが多いのは、食べ物が胃の中にあれば、薬が胃粘膜に接触することによる刺激を抑えられるためです。

また、飲み忘れてしまうことを防ぐためという理由もあります。

第2章で紹介したロキソプロフェンやイブプロフェンなど、副作用として胃腸障害が生じるものは、胃に食べ物が残っていると胃腸障害が軽くなるため、食後に服用することが望ましいのです。実際、空腹時を避けて服用するよう箱や添付文書に記載されています。

ちなみに、医薬品の中には「食直後」という、食後よりも服用するタイミングが厳密なものもあります。これは、食事の約5分後を意味します。

例えば、「イコサペント酸エチル（商品名：エパデール）」という脂質異常症の治療に用いる医薬品（くわしくは次章）は、空腹時には有効成分が小腸からほとんど吸収されません。

食事により胆嚢（たんのう）という臓器から分泌される「胆汁酸（たんじゅうさん）」や、小腸に存在する食べ物と一緒でないと吸収されないからです。そのため、この医薬品は食直後に服用するのです。

一方、服用における「食前」とは、食事の約30分前を意味します。

例えば、食事の後に生じる吐き気を抑える目的で、食前に服用する薬があります。

「ドンペリドン（商品名：ナウゼリン）」や「メトクロプラミド（商品名：

プリンペラン）」といった、制吐薬と呼ばれるものです。

　また、薬は食べ物の影響を受けてしまうことがあります。食前に服用すれば、その問題を回避できることがあるわけです。

　他にも、「起床時に服用」という用法もあります。

　「ビスホスホネート」と呼ばれるタイプの骨粗しょう症の治療薬は、飲食物に含まれるミネラルとくっつきやすい性質があります。そのような状態になってしまうと薬が吸収されにくくなり、効果が薄れてしまいます。

　そのため、この治療薬の中には起床時に服用しなくてはならないものがあります。水で服用しますが、ミネラルをたくさん含む硬水での服用は避けなくてはなりません。さらに、その後の30分間は食事をしてはいけません。

　このぐらい服用するタイミングが厳密な医薬品もあるのです。

　その他にも、服用の仕方には「頓用」と呼ばれる用法があります。症状が出た際に、それを抑えるために使うことを意味します。

　いわゆる「頓服薬」の用法ですね。

　ロキソプロフェンやイブプロフェンといった解熱鎮痛薬は頓用で使われますが、やはり胃腸障害を軽減するために空腹時の服用を避けるのが望ましいのです。

第 **5** 章

生活習慣病を化学する

この章でわかること

☑ 糖尿病とその治療薬のしくみ

☑ インスリンはなぜ注射しないといけないのか

☑ 高血圧と、血圧を下げる薬のメカニズム

☑ 血圧と自律神経系の関係

☑ コレステロールを薬でどうやって減らすのか

1 糖尿病の「糖」はブドウ糖

　この章では「生活習慣病」と言われる、食事や運動、休養や喫煙などが深く関係して引き起こされる病気についてお話しします。

　代表的な「糖尿病」「高血圧」「脂質異常症」の3つについて、その内容と、治療薬について説明していきますね。

　まずは糖尿病から。名前のとおり、尿から糖が出ていく病気です。

　そもそも、この糖とはなんでしょうか?

　糖といえば、砂糖を連想する人が多いと思います。**糖尿病の糖は、**砂糖の主成分であるショ糖が分解されて生じる**「ブドウ糖」のことを指します。**

　糖尿病になると、血液中のブドウ糖の濃度が高くなるとともに、過剰なブドウ糖が尿中に排泄されるようになるわけです。

　なお、糖尿病は英語で「diabetes mellitus」で、mellitusは元々「蜜のように甘い」という意味です。ブドウ糖も砂糖ほどではないにしろ、甘いですからね。

　ちなみに最近、この糖尿病という名前が誤解や偏見につながり、病態を正確に表してもいないことから、この名前を変える動きもあります。diabetesをカタカナで表記した「ダイアベティス」という新しい名前が日本糖尿病学会などから提起されています。

生きていくために欠かせない栄養素

　それでは、糖尿病を語る上で重要なブドウ糖について、くわしく見てい

きましょう。

　ショ糖として砂糖に含まれる他、ブドウ糖は「デンプン」として米・パン・芋などに多く含まれています。三大栄養素である糖質・脂質・タンパク質のうちの糖質に分類され、私たちのエネルギーの源になっています。

　デンプンはブドウ糖同士が結合してたくさんつながった構造をもち、つながり方や、つながる数によって「アミロース」と「アミロペクチン」に分類されています（図5-1）。

　アミロースが直線的につながっている一方で、アミロペクチンは枝分かれした構造をもちます。ちなみに、両者は性質も異なり、モチモチとした食感のもち米にはアミロペクチンが多く含まれています。

　私たちは、体内に含まれる消化酵素の力で、アミロースやアミロペクチンをブドウ糖まで分解してから吸収しています。その後、血液中から全身の細胞に送られ、エネルギー源として使われます。

　とくに脳の神経細胞は基本的にブドウ糖しか利用できないので、体内のブドウ糖が減ってしまうと活動が低下してしまいます。

　余った分のブドウ糖は再びつながって、アミロペクチンよりも多く枝分かれした構造をもつ「グリコーゲン」として肝臓や筋肉に蓄えられます。

　グリコーゲンは「動物デンプン」とも呼ばれ、植物由来のデンプンと区別されています。

　また、ブドウ糖は皮下脂肪や内臓脂肪といった脂肪組織で変換を受け、最終的に脂肪（正確には第5章5節で登場する「中性脂肪」）としてためておかれます。

　そして、ブドウ糖が不足した場合にエネルギーを産み出すため使われるのです。

第5章

生活習慣病を化学する

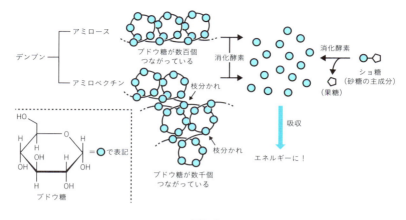

図5-1

　このように、私たちにとってブドウ糖は必要不可欠なものです。

　しかし、糖尿病になると、ブドウ糖を細胞にうまく取り込めず、血液中のブドウ糖の濃度が高まります。

　その結果、体に異常が生じてしまうのです。

　それでは、糖尿病がどのようなものなのか、もう少しくわしく見ていきましょう。

1型と2型の違い

　糖尿病は1型と2型に分類されます。

　1型糖尿病は、遺伝的な要因に加えてウイルス感染などが引き金となり発症します。糖尿病患者全体の5〜10%の割合です。

　生活習慣が発症に影響するのは2型糖尿病で、全体の90%以上を占めています。

　遺伝的な要因に加えて、過食・運動不足・肥満・ストレスなどによって体内のブドウ糖が過多になり、糖尿病が発症します。

本書ではとくに、生活習慣病である2型糖尿病について考えていきます。

糖尿病が体に与える影響

この病気になると、体に何が起こるのでしょうか？

初期の段階では無症状ですが、次第に尿量が多くなったり、口が渇いたり、体重が減少したりといった自覚症状が生じます。

血液中のブドウ糖の濃度が高いままだと、血液が通る血管はダメージを受けてしまいます[*]。

そして、血管が細ければ細いほど、そのダメージを受けやすいです。

体内でとくに細い血管をもつのは、眼と神経と腎臓です。

眼の網膜にある細い血管が障害されると、飛蚊症・視力低下・視野障害などを引き起こし、最終的には失明の危険もあります。

神経細胞につながる細い血管が障害されたり、神経細胞にブドウ糖が取り込まれ過ぎたりすると、神経が障害されます。足のしびれに始まり、次第に足の感覚が鈍くなります。

やがて血行障害や細菌の感染などが加わって足が黄色や黒色に変化してしまい（壊疽）、切断を余儀なくされます。

腎臓は、糖尿病の発症から5〜10年以上経過した人に異常が見られ始め、次第に貧血・全身倦怠感・浮腫などが自覚症状として現れます。

最終的には腎不全（腎臓の機能が障害された状態）に至り、透析療法が必要になってしまいます。

---

[*] 血流の障害、ブドウ糖が原因となり生じる活性酸素の増加（酸化ストレス）、ブドウ糖が体内のタンパク質と反応して生成する終末糖化産物（Advanced Glycation End Products：AGEs）の増加など、種々の要因が複合的に関与して血管の障害をもたらすと考えられています

その他にも糖尿病は、肥満・高血圧・脂質異常症と相まって太い血管にも影響を与え、動脈硬化が発症するリスクが高まります。それにより、狭心症や心筋梗塞、脳梗塞が起こると命の危険を伴います。

　また、血液中のブドウ糖の濃度が急激に高まってしまうと、意識障害や昏睡の状態となり、死に至ることもあります。

　以上のように、糖尿病は非常に危険な病気といえます。

　だからこそ、その原因である過剰なブドウ糖を減らす必要があるのです。

2 糖尿病治療薬のしくみ

　糖尿病の治療では、食事療法や運動療法に加えて、必要と判断されると糖尿病治療薬が用いられます。それによって、**血液中のブドウ糖の濃度を意味する「血糖値」を下げることを目指します。**
　前節で述べたように、糖尿病になると血管がダメージを受けてしまうからですね。

糖尿病と「インスリン」

　血糖値は、さまざまなホルモンによって常にコントロールされて、その値は70〜140mg/dLの範囲で維持されています。
　そのうち、血糖値を下げるホルモンは、**「インスリン」**です（図5-2）。
51個のアミノ酸がつながった構造をもっており、膵臓から分泌されます。

血糖値だけでなく、「HbA1c」の項目も大切って聞くよ

HbA1cは、ブドウ糖と結合した状態のヘモグロビンのことだよ。高血糖の状態が続くと、この状態のヘモグロビンが増えるんだ。高血糖の期間がどれくらい続いているのか（慢性かどうか）わかるんだよ

　食事をすると、デンプンやショ糖などが消化酵素で分解されてブドウ糖が生じます。
　その後、腸で吸収され、やがて血液に乗って全身に運ばれます。この、

食後に上昇した血糖値を合図にして、インスリンの分泌量が増えるしくみになっています。

血管を通して運ばれてきたブドウ糖は細胞に取り込まれ、エネルギー源として利用されます。インスリンは余ったブドウ糖を肝臓や筋肉でグリコーゲンに変えて蓄えておくはたらきや、脂肪組織にためておくはたらきを促進します。

その結果、血中からブドウ糖が減り、血糖値が下がるのです。

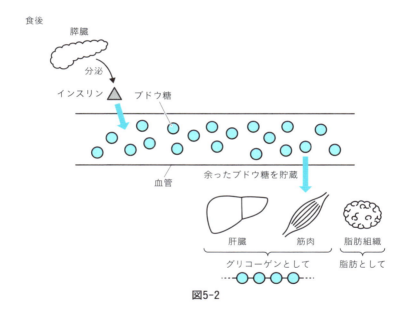

図5-2

血糖値を「上げる」ホルモン

逆に血糖値を上げる作用をもつホルモンは、「グルカゴン」「カテコールアミン」「コルチゾール」「成長ホルモン」といったように、複数存在します（図5-3）。

空腹の状態では血糖値が低下しているのですが、それに応じてこれらの

ホルモンが分泌されます。

その結果、肝臓に蓄えられていたグリコーゲンの分解が促進され、生じたブドウ糖が血管内に放出されます。

同時に、肝臓にて体内の材料を利用して新しくブドウ糖をつくらせるはたらきも促進され（糖新生）、やはりブドウ糖が血液中に送り出されます。

こうして、血糖値が上昇する方向に向かうのです。

「血糖値を上げるなんて、邪魔なホルモン」と思ってしまうかもしれません。しかし、低血糖に陥ってしまうと、動悸や頭痛などさまざまな症状が現れ、昏睡に至ったり、脳に障害が残ったりする可能性もあります。

ブドウ糖は、脳や体を機能させるためのエネルギー源として必要不可欠なので、一定量が常に存在していなければならないのです。

というわけで、血糖値を上げるホルモンも、生命活動を維持する上で非常に大切なものです。

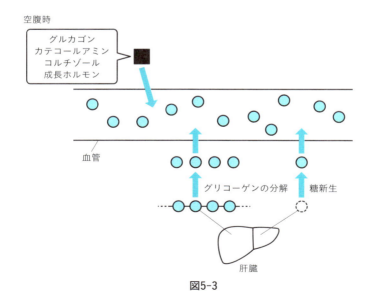

図5-3

さて、糖尿病患者の体内では、インスリンに関するしくみが異常をきたしています。

　大きく分けて、「インスリンの分泌が弱まっている」場合と、「インスリンの効き目が悪くなっている」場合とがあります。

　糖尿病治療薬には、これらの異常を改善することを目的とするものが多くあります。では、いくつかの薬を見ていきましょう。

「インスリンの分泌が弱まっている」場合

　はじめに、膵臓からのインスリンの分泌を促す「スルホニル尿素薬」という薬についてです（図5-4 A）。

　膵臓の細胞にはインスリンが含まれており、通常は血糖値の上昇に応じて、それを下げるためにインスリンが分泌されています。

　それまでには図5-4の①〜④に示した段階を経ます。

① 血糖値の上昇に伴い、ブドウ糖が膵臓の細胞に取り込まれて分解される

② ①によって、ミトコンドリアと呼ばれる場所でエネルギーが生み出される

③ ②のエネルギーに応答して、細胞膜に存在する２種類のタンパク質（1，2）がはたらく

④ タンパク質１からタンパク質２に情報が伝達されると、インスリンが分泌される

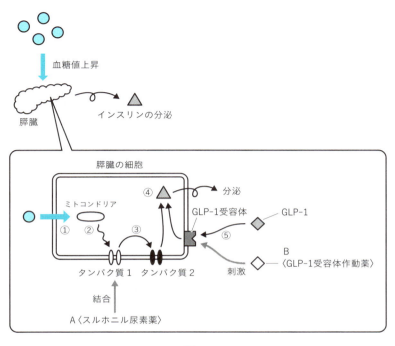

図5-4

　スルホニル尿素薬は、この過程の途中にあるタンパク質1に結合し、インスリンの分泌を促進するのです。
　具体的には、「グリクラジド（商品名：グリミクロン）」や「グリメピリド（商品名：アマリール）」という名前のスルホニル尿素薬が使われています。
　これらの薬の血糖値を下げる効果は強力ですが、インスリンが分泌される過程の途中の段階から分泌の指令を促します。そのため、空腹時など血糖値が高くないときでもインスリンが分泌されてしまいます。

　結果として、重篤な低血糖を起こすことがあります。
　つまり、空腹時であっても高血糖になってしまう患者さんであれば、ス

ルホニル尿素薬は適している薬になります。

その他にも、体重増加の副作用があります。その理由は、インスリンの作用を増強することにより、脂肪組織へのブドウ糖の取り込みが進むからです。

①〜③と情報が伝達されていって、インスリンが分泌されるんだね！　複雑だ！

これが細胞内における情報伝達のしくみの一例だよ。他にも、さまざまなパターンがあるんだ

続いて「GLP-1受容体作動薬」という、国内で2010年に初めて発売された、比較的新しい薬についてお話しします（図5-4 B）。

これはスルホニル尿素薬と同様に、膵臓の細胞にあるタンパク質に作用してインスリンの分泌を促進する薬です。ただ、ターゲットのタンパク質が、先ほどとは異なる「GLP-1受容体」です。

GLP-1という物質はもともと体内に存在し、やはりブドウ糖の濃度が高くなるとインスリンの分泌を促進するホルモンです（図5-4 ⑤）。

ただし、GLP-1は体内に存在する酵素によって分解されやすいため、分解されづらいGLP-1の人工物として、GLP-1受容体作動薬が開発されました。

この薬はGLP-1受容体を刺激し、体内のGLP-1と同様に血糖値が高くなったときにだけインスリンの分泌を促進します。そのため、低血糖の副作用を起こしにくいのが特徴です。

それに加えて、血糖値を上げるホルモンであるグルカゴンの分泌を抑制する作用もあり、脳に対しては食欲を抑える作用があります。さらに、胃の運動を低下させて消化吸収を抑える作用もあり、体重を減少させる効果があるのです。

これらの効果（食欲抑制・体重減少）から、「セマグルチド」というGLP-1受容体作動薬が、肥満症に効果のある医薬品「ウゴービ（ノボ ノルディスク ファーマ）」として2023年3月に承認されました。
肥満症に加えて、糖尿病をはじめとする多くの合併症があり、かつ食事療法や運動療法で効果が得られない場合に、この薬が処方されます。

さて、このような効果をもつセマグルチドは、美容目的の「やせ薬」として人の手にわたる場合があります。
当然、医薬品は病気を患った人を想定してつくられており、健康な状態で使用すると危険です。医薬品にはさまざまな副作用があるため、そのような危険を伴うダイエットはやめましょう。

「インスリンの効き目が悪くなっている」場合

このような患者さんは、膵臓からインスリンが分泌されていたとしても、血糖値を下げる効果が得られにくくなっている状態です。そのため、これまで紹介したインスリンの分泌を促進する薬ではよい効果が期待できません。
そこで使われるのが「ビグアナイド薬」です（図5-5）。

まずは、インスリンの効き目が悪くなってしまう原因についてお話しします。
この一つに、肥満が挙げられます。お腹についた内臓脂肪は、肝臓に脂

肪をつくる材料である「脂肪酸」を供給します。その結果、肝臓内に脂肪が溜まった「脂肪肝」の状態になり、肝臓におけるインスリンの効き目が悪くなることが知られています。

また、「腫瘍壊死因子α（Tumor Necrosis Factor-α：TNF-α）」という、インスリンの効き目を悪くする物質が内臓脂肪から分泌されていることが突き止められています。

TNF-αは、分泌を行なった内臓脂肪の細胞自身と、周辺にある筋肉の細胞に作用し、その効果をもたらしてしまうのです。

このように、肥満とインスリンの効き目は密接に関わっています。

ビグアナイド薬は、おもに肝臓に作用し、肝臓内の脂肪を減少させる効果があります。そのため、悪くなったインスリンの効き目を改善することが可能な薬です。

具体的には「AMPキナーゼ」という酵素を活性化して、脂肪酸の合成を抑制するとともにその分解を促進し、肝臓内の脂肪を減らします。

「メトホルミン（商品名：メトグルコ、グリコラン）」と「ブホルミン（商品名：ジベトス、ブホルミン塩酸塩）」という薬が使われています。

また、これらの薬は肝臓で新しくブドウ糖をつくることを抑制する効果があります。

糖尿病患者はインスリンが分泌されなかったり、効かなくなったりしているため、グルカゴンなどの血糖値を上げるホルモンが優位にはたらいています。

そのため、肝臓でブドウ糖をつくるはたらきが促進されてしまっているのです。ビグアナイド薬はこれを抑制し、血糖値を低下に導くのです（じつはこちらの作用がメインです）。

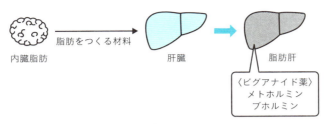

図5-5

肝臓では新しくブドウ糖がつくられる（糖新生）んだったよね！

「インスリンと関連しない」糖尿病治療薬

　続いて、これまで紹介してきた、インスリンと関連するしくみ以外の糖尿病治療薬についてお話しします。
　食後の高血糖を抑制する「α-グルコシダーゼ阻害薬」という薬です（図5-6 A）。
　その名のとおり、小腸に存在する「α-グルコシダーゼ」という消化酵素のはたらきを妨げます。

　α-グルコシダーゼは、食事に含まれるデンプンが分解されて生じた「マルトース（ブドウ糖が2つつながったもの）」をさらに分解し、ブドウ糖にするはたらきをもちます。
　この酵素のはたらきがα-グルコシダーゼ阻害薬により妨げられると、マルトースの分解が抑えられます。
　小腸から吸収されるには、デンプンがブドウ糖にまで分解されている必要があるので、ブドウ糖の小腸への吸収がゆるやかになり、食後の血糖値

の上昇を抑えられるのです（図5-6 B）。

　この薬の影響で分解されずに小腸を通り過ぎたマルトースは、大腸に到達します。

　そこで待ち構えている大量の腸内細菌は、これを分解してガスを発生させます。それによって腹部が膨れ上がったり、放屁が増えたり、下痢になったりする副作用が生じることがあります。

　なお、α-グルコシダーゼ阻害薬は、食事を消化し切る前に作用しなければならないため、食前よりもさらに直前の「食直前（食事の約５分前）」に服用します。

　具体的には「ボグリボース（商品名：ベイスン、ボグリボース）」「ミグリトール（商品名：セイブル）」「アカルボース（商品名：グルコバイ）」という薬が使われています。図5-6 Aの構造式を見比べてみると、ブドウ糖と構造が似ていることがわかります。

　ですので、α-グルコシダーゼはマルトースと間違えてこれらの薬を取り込むと考えられ、そのはたらきが抑えられてしまうのです。

　さらにこれらの薬は、マルトースだけではなく砂糖の主成分であるショ糖の分解も阻害します。さらに、ミグリトールは牛乳や乳製品に含まれる「乳糖」の分解も抑制し、アカルボースはデンプンの分解も抑制します。

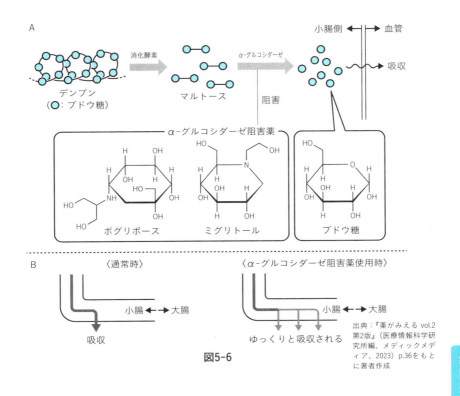

図5-6

「ブドウ糖を尿から排泄させる」新しい治療薬

さて、「SGLT2阻害薬」という、これまでとは全く異なるしくみをもつ糖尿病治療薬もあります。日本では「イプラグリフロジン（商品名：スーグラ）」という薬が2014年に初めて発売されました。

糖尿病治療薬としては初めて腎臓をターゲットにしたもので、尿から血液中のブドウ糖を排泄することにより血糖値を低下させます。

この薬のメカニズムを理解するために、まずは腎臓がどのように尿を生成しているのか見ていきましょう（図5-7）。

① 腎臓にある、「糸球体」と呼ばれる毛細血管の集まりから血管の血

液が濾し出され（ろ過され）、「原尿」となる。これは後に尿として排泄されることになる大元の液体で、人によって異なるが、1日に約180リットルもつくられている。糸球体のろ過はおおざっぱで、体内にとって必要な物質と過剰な物質の選別は完全には行なわれない

② ろ過後、原尿は尿細管を通り、その途中で周囲の毛細血管と物質のやり取りをする。体内にとって必要な物質は血液に回収され、血液に残っている過剰な物質は原尿側に排泄される。この際、水も血液側に回収される

③ 尿として排泄される。最終的には1日に約1.4リットルと大きく減る

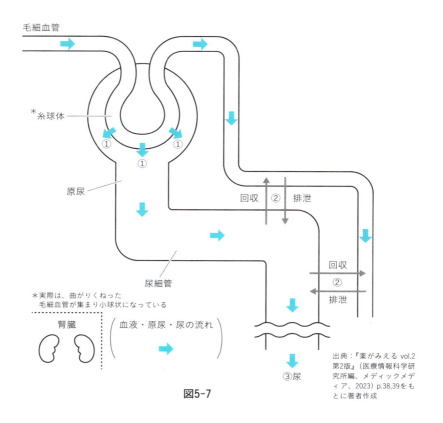

図5-7

さて、薬の話に移りましょう。

通常、尿がろ過された際にブドウ糖は、ほぼ100%血液側に回収されます（図5-8）。

これは、SGLT（Na⁺/グルコース共輸送体, sodium glucose co-transporter）と呼ばれるタンパク質によって行なわれます。模式図に示したように、このタンパク質は構造内にブドウ糖の通り道があります。

SGLT1とSGLT2の2種類がこの役割を担っていて、その割合はSGLT1が10%で、SGLT2が90%です。

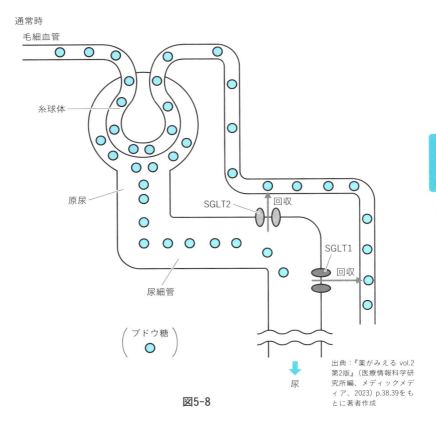

図5-8

図5-9に示したように、高血糖の際は、原尿に存在するブドウ糖の血液側への回収が追いつかず、ブドウ糖が尿に残ってしまいます。

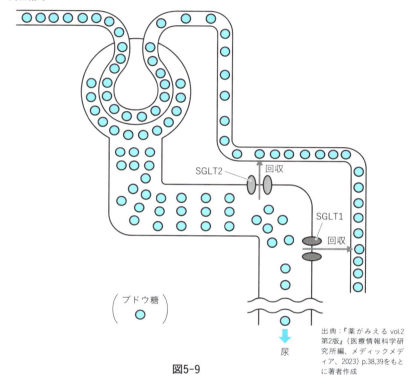

図5-9

出典：『薬がみえる vol.2 第2版』（医療情報科学研究所編、メディックメディア、2023）p.38,39をもとに著者作成

これが糖尿病という名前の由来だったよね！

　SGLT2阻害薬は、名前のとおりSGLT2の機能を阻害して、ブドウ糖の血液側への回収を阻害します（図5-10）。

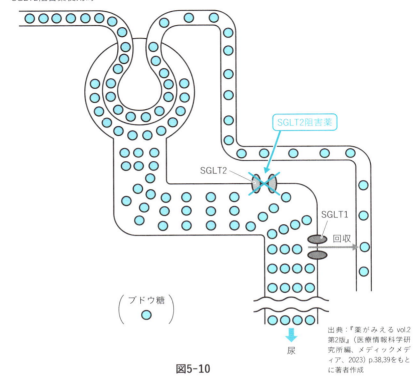

図5-10

そのためブドウ糖が、血液側に回収されないまま尿から排出されていくのです。

ブドウ糖が尿から出てしまう病気に対して、積極的にブドウ糖を尿から排出するので、一見すると症状が悪化しているようにも見えます。しかし、この逆転の発想は、確かに血糖値を下げる効果があるのです。

なお、濃過ぎる尿中の糖を薄めようと、体内の水も余分に排泄されます（浸透圧による利尿）。

その結果、尿量が増加する副作用が生じ、脱水に注意が必要です。水分補給をしましょう。

分子の構造を変えたことがこの薬を生んだ

　さて、この薬の開発は、リンゴやナシの樹皮に含まれている「フロリジン」という分子がきっかけになっています（図5-11）。

　この分子を実験動物に注射して投与すると、尿中に糖を排泄する効果が得られると知られていました。

　しかしながら経口投与すると、吸収前に消化酵素によって分解されてしまい、効果は得られませんでした。

　図5-11に示した酸素原子と炭素原子の結合が切断され、2つの分子になってしまったのです。

　そこで研究者は、酸素原子の部分を炭素原子にすることで、結合の性質を変えた分子を設計しました。それを実際に化学反応によってつくり出し、消化酵素で分解されないものができあがりました。

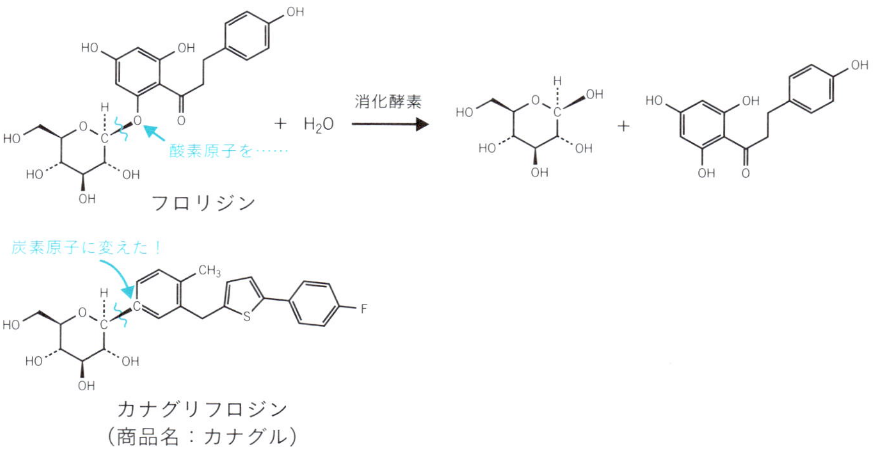

図5-11

このケースでも構造を最適化し、最終的に意図する効果を発揮する構造をもつ薬になったのです。繰り返しになりますが、医薬品の開発においては分子の構造を巧みに変えることが大切なのです。

インスリンはなぜ注射なのか？

　糖尿病の治療法には、インスリンそのものを注射で体内に入れるものもあります。

　前節で述べた１型糖尿病が発症すると、インスリン分泌が著しく弱まっていき、最終的には自分でインスリンを注射し続けることになります。

　２型の糖尿病患者でも、重症化するとインスリンを自己注射し続ける必要があります。

　痛みの少ない針が開発されているものの、注射をし続けるのは患者さんの負担になっているのが現状です。

　それでは、インスリンを内服薬にすることはできないのでしょうか？

　それは、インスリンがタンパク質のように、数十個のアミノ酸がつながった構造をもつホルモンだからです。

　飲むとタンパク質を分解する消化酵素でバラバラにされてしまうため、現在のところ内服薬はありません。

3 | 高血圧とは、どういう状態？

　続いて説明する生活習慣病は、高血圧です。

　これは、文字どおり血圧が高くなった状態のことを示します。

　そもそも血圧とは、血管内部の圧力のことで、血液が血管の壁に与える力を意味しています。

　血液の粘性が上がったり、血管内部の血液の通り道が細くなったり、心拍数が上がったりすると、数値が高くなってしまいます。

　この状態が続くと、血管の壁に負荷がかかり続け、太い血管が脆くなり、細い血管は硬くなります（動脈硬化）。

　放置しておくと脳出血・脳梗塞・心筋梗塞・大動脈瘤などを引き起こすリスクが上がるとともに、腎臓や網膜にも異常をきたす可能性が生じます。

　また、全身の血液が流れにくくなった結果、心臓の左心室が肥大化することもあります。

　高い圧力の影響によって心臓の一部が大きくなり、やがて心臓のポンプ機能が低下してしまい、充分な血液を送り出せなくなってしまうのです（心不全）。

２つの原因

　さて、じつは高血圧には、大きく分けて２種類あります。

　ホルモンや腎臓の疾患に付随して起こる場合と、はっきりとした原因がない場合の高血圧です。

　高血圧の９割は後者のケースであり、遺伝や加齢、そして肥満・ストレ

ス・食塩やアルコールの過剰摂取などの環境的な要因といった、多くの原因が重なって起こると考えられています。

本書では、後者の生活習慣が関係する高血圧を想定してお話しします。

高血圧の基準

薬の説明に入る前に、高血圧について基本的なことを確認しておきましょう。

正常血圧は診察室での測定で120/80mmHg未満。値は、私たちの体にある「動脈」と「静脈」のうち、全身に血液を送り出す動脈の圧力を示します。

静脈は、心臓に返ってくる血液が通る血管のことだよ！

最初の数字が血圧の最高値で、その次の数字が最低値です。心臓のポンプ機能による収縮と拡張に連動して血圧の最高値と最低値が変化し、それぞれを「収縮期血圧」と「拡張期血圧」と呼んでいます。

最後のmmHgは圧力の単位です。

圧力は気象関係で使われるhPa（ヘクトパスカル）がよく知られていますが、このような単位も使われています。

このmmHg（ミリメートル水銀柱）という単位は、水銀（元素記号Hg）を利用して圧力を測定する方法に由来するよ

高血圧と判定されるのは、診察室で測定してどちらか一方、または両方の数値が「140/90mmHg」以上のときです。

　ただし、不安や緊張から診察室でのみ高血圧を示す場合もあります（白衣高血圧）。また、早朝だけ、もしくは夜間だけ血圧が上がる人もいるため、注意が必要です。病院に行く時間帯には正常な血圧を示すため、この場合は「仮面高血圧」と呼ばれています。

　家庭で測定する際には、これらのケースを見破るためにも、朝と夜の2回、決まった時間に測定しましょう。

　緊急性がない場合、高血圧の治療は、食事療法・運動療法・アルコールの制限・禁煙など、生活習慣の修正から始まります。

　その次の段階の治療として、高血圧治療薬の服薬も行なわれます。

　次節では、この薬のしくみを解説していきます。

4 | 高血圧治療薬のしくみ

高血圧治療薬は、どのようなしくみで血圧を下げるのでしょうか？
主要なものをいくつか紹介していきます。

体をコントロールする「自律神経系」

まずは、交感神経を抑制して血圧を下げる「交感神経抑制薬」です。

私たちの体は、相反する役割を担う「交感神経」と「副交感神経」によりコントロールされています。

これらの神経はほぼ全身に分布し、呼吸・消化・排泄・血液循環・体温などを調整し、生命活動を維持しています。

この2つの神経は、無意識のうちに調節されている、いわゆる「自律神経（系）」です。

交感神経は私たちが興奮状態のときに、副交感神経はリラックスしているときに優位にはたらいています。

交感神経が優位にはたらくときは、極端な例えではありますが、獲物を狙って狩りをしているときや、獰猛な動物から逃げるときをイメージすれば分かりやすいと思います。

体内ではエネルギーが消費する方向にはたらき、心拍数が増加して血管は収縮するため、血圧が上昇します。汗をかき、瞳孔は開き、気管支は拡張して酸素をたくさん吸い込めるようにします。

消化に関連するはたらきは低下し、消化液の一つである唾液の分泌が低下するため、口が渇きます。排尿している場合ではないので、これも抑制

第5章 生活習慣病を化学する

されます。

　一方、副交感神経が優位にはたらくときは、どのような状況でしょうか？

　先ほどのように例えると、狩りに成功して獲物をゆっくりと食べている状態です。

　体内のエネルギーは蓄積する方向にはたらき、心拍数が減少して血管は拡張し、血圧が低下します。瞳孔は縮小して、気管支は収縮します。

　もちろん消化のはたらきは活発になり、排尿も起こります。

自律神経系をはたらかせる物質

　それでは、この２つの神経について、さらにくわしく見ていきましょう。

　交感神経も副交感神経も、神経細胞のはたらきによって、脳から脊髄、そして各器官の細胞に情報が伝わります。交感神経がはたらく際は一般に、最後の段階で、神経細胞の細長い部分から「ノルアドレナリン」という物質が分泌されます。

　これは心臓や血管、気管支などの細胞に存在する「アドレナリン受容体」に作用して交感神経の情報を伝達し、その効果を発揮します（図5-12）。

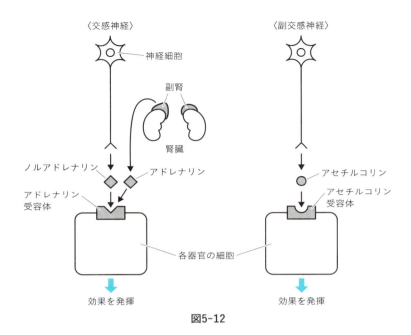

図5-12

なお、この受容体に「アドレナリン」という物質が作用しても、交感神経の情報が伝わります。これは腎臓の上部にある「副腎」という場所から血液中に分泌されるホルモンです。

一方、副交感神経がはたらくためには、「アセチルコリン」という物質が必要です。

これも神経細胞から分泌され、心臓や血管、気管支など、副交感神経の効果を発揮する細胞の「アセチルコリン受容体」に作用します。

こうして情報が伝達され、先ほど示したような、交感神経や副交感神経に特徴的な反応が起こるのです[*1]。

[*1] 全身の発汗など、交感神経により効果を発揮するにもかかわらず、例外的にアセチルコリンが作用してはたらくものもあります

じつはアセチルコリン受容体は大きく分けて2種類あるんだ。この受容体は、「ムスカリン性アセチルコリン受容体（もしくはムスカリン受容体）」と呼ばれるものだよ

「ムスカリン」ってなんなの？

キノコに含まれている物質だよ。この物質が副交感神経を活性化することが最初にわかったんだ。体内でアセチルコリンが作用していることがわかったのは、その後なんだ

血管と心臓にはたらきかける

　それでは、本題の交感神経抑制薬について考えていきましょう。

　この薬のしくみで重要なのは、交感神経のはたらきによる「血管の収縮」と「心臓の機能亢進（心拍数の増加や収縮力の向上など）」です。

　血管についても心臓についても、交感神経は血圧の上昇と関係しています。

　これらの情報を受け取るアドレナリン受容体は、さらに細かく分類され、「α受容体」と「β受容体」が存在します[*2]。

　血管を収縮させる情報は、血管の細胞に存在するα受容体を通して伝わります（図5-13）。

　そして、心拍を増加させるための情報は、心臓の細胞にあるβ受容体を通して伝わるのです。

[*2] 正確には$α_{1A}$、$α_{1B}$、$α_{1D}$、$α_{2A}$、$α_{2B}$、$α_{2C}$、$β_1$、$β_2$、$β_3$受容体と、さらに細かく分類されます

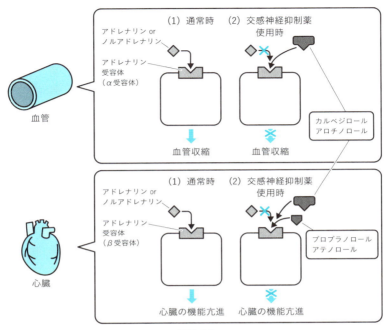

図5-13

　交感神経抑制薬は、α受容体やβ受容体のはたらきの邪魔をして、血圧を下げます。

　「プロプラノロール（商品名：インデラル）」や「アテノロール（商品名：テノーミン）」といった「β受容体遮断薬」は、ノルアドレナリンやアドレナリンの代わりにこのβ受容体に結合します。

　ただし、これらの薬には受容体の機能を発揮させる力がありません。

　そのため、心臓の機能を抑制して、血圧を低下させられるのです。

　さらに、これら両方の受容体を同時に阻害する「αβ受容体遮断薬」も開発されています。

　αβ受容体遮断薬の「カルベジロール（商品名：アーチスト）」や「アロチノロール（商品名：アロチノロール塩酸塩)」は、β受容体だけでな

く α 受容体のはたらきも阻害して、心臓の機能と血管の収縮を抑制します。

このように、これらの薬は交感神経の情報を遮断することにより、血圧を下げる効果をもたらすのです。

体全体の水分を減らす

続いて紹介するのは、腎臓に影響を与える「利尿薬」です。

この薬は尿量を増加させ、全身の体液量を低下させます。

体内を循環する血液も例外ではなく、液量が減少することにより血圧の降下につながるのです。

利尿薬にはいろいろな種類がありますが、高血圧の患者さんに対しては「チアジド系利尿薬」という薬がよく使われています。

具体的には、「ヒドロクロロチアジド（商品名：ヒドロクロロチアジド）」や「トリクロルメチアジド（商品名：フルイトラン）」などの利尿薬が知られています。

この利尿薬が腎臓に作用すると、まずはナトリウムイオン（Na^+）の排泄が促されます。

いわゆるミネラルの一種で、食塩の化学式（$NaCl$）に含まれているので有名です。

体内ではプラスの電気を帯びたナトリウムイオンとして、水分量の調節や、神経細胞の情報伝達など、さまざまな役割を担っています。

図5-14のとおり、腎臓には、原尿に含まれるNa^+を血液側に回収するタンパク質の「Na^+/Cl^-共輸送体」が存在します。

このタンパク質は、原尿中の物質を回収している点はSGLTと同じです（p.139）。

① チアジド系利尿薬がNa$^+$/Cl$^-$共輸送体に作用し、その機能を阻害する
② ナトリウムイオンの毛細血管への回収が抑制され、尿中への排泄が増加する
③ 増加した尿中のナトリウムイオンを薄めようとする力が働き、水（H$_2$O）の排泄も促される（浸透圧による利尿）

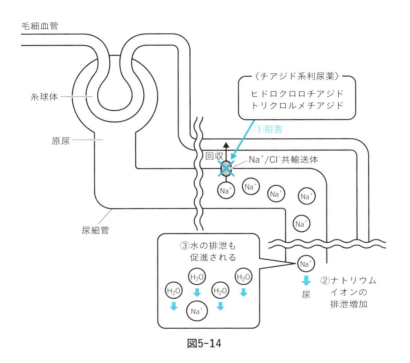

図5-14

血管を収縮させない薬

他にも、さまざまな高血圧治療薬が開発されています。

「レニン・アンジオテンシン系阻害薬」と呼ばれる薬は、「レニン」とい

う酵素の分泌に始まり、「アンジオテンシンII」という物質が血管の収縮をもたらす「レニン・アンジオテンシン系」という体内のシステムをターゲットにします（図5-15）。

　まずは、このシステムを説明しましょう。

　レニンは腎臓から分泌され、肝臓から放出される「アンジオテンシノーゲン」というタンパク質を分解して「アンジオテンシンI」に変換します。

　続いて、アンジオテンシンIは、肺の血管に存在する「アンジオテンシン変換酵素」によってさらに分解されて「アンジオテンシンII」になります。

　このアンジオテンシンIIが血管の細胞に存在する「アンジオテンシンII受容体」に結合し、情報が伝達されて血管の収縮をもたらすのです。

　本来は、おもに血圧が低下しているときに腎臓からレニンが分泌されて、最終的に血圧が上昇するしくみです。しかし、このシステムが病的に促進されている状態に陥ると、高血圧になってしまいます。

　すでに述べたとおり、アンジオテンシン変換酵素を阻害して血圧を下げる薬（ACE阻害薬[1]）が「カプトプリル（商品名：カプトプリル）」です。

　他にもカプトプリルを改良した「エナラプリル（商品名：レニベース）」や「イミダプリル塩酸塩（商品名：タナトリル）」が知られています。

　また、アンジオテンシンII受容体に結合してアンジオテンシンIIをブロックする「ロサルタン（商品名：ニューロタン）」「カンデサルタン シレキセチル（商品名：ブロプレス）」「アジルサルタン（商品名：アジルバ）」などの薬（ARB[2]）も開発されています。

---

[1]　ACEはAngiotensin Converting Enzyme（アンジオテンシン変換酵素）の略です
[2]　ARBはAngiotensin II Receptor Blocker（アンジオテンシンII受容体拮抗薬）の略です

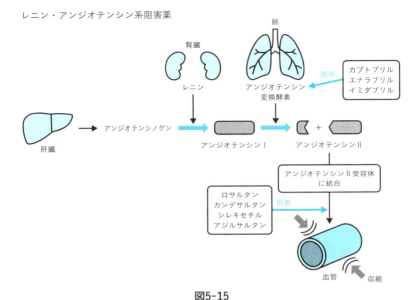

図5-15

　さらに、「カルシウム拮抗薬」と呼ばれる、血管の筋肉に作用する薬もあります（図5-16）。

　血管の筋肉は平滑筋と呼ばれています。血管が収縮するとき、実際は筋肉が収縮しています。先ほど述べた交感神経やレニン・アンジオテンシ系は、血管に存在する平滑筋の収縮の調節を行なっていたわけです。

　さて、平滑筋が収縮するためには、その細胞内にある筋肉を動かすタンパク質「ミオシン」を活性化させる必要があります。

　ミオシンは、平滑筋の細胞内のカルシウムイオン（Ca^{2+}）濃度が高くなると、その情報が伝わり活性化されます。このカルシウムイオンも、ナトリウムイオンと同様に、やはりミネラルの一種です。

　この濃度が上がるしくみの一つに、細胞膜の「Ca^{2+}チャネル」というタンパク質を通して、細胞の外からカルシウムイオンを取り込むシステムがあります。

カルシウム拮抗薬は、このCa²⁺チャネルのはたらきを抑えます。その結果、ミオシンは活性化されなくなり、血管の収縮も抑えられるのです。

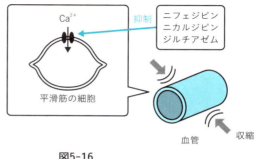

図5-16

　効果が強力かつ副作用が少なく、利尿薬に次いで安価なため、高血圧治療薬を投与する際、はじめによく使われます。「ニフェジピン（商品名：アダラート、セパミット）」「ニカルジピン（商品名：ペルジピン）」「ジルチアゼム（商品名：ヘルベッサー）」などが代表的な例です。

5 コレステロールや中性脂肪を抑える

この章の最後は、脂質異常症とその薬について説明します。

脂質といえば、三大栄養素である糖質・脂質・タンパク質の一つとして有名です。

代表的な脂質である「コレステロール」と「中性脂肪」は、よく耳にするのではないでしょうか。

血液中の脂質の量に異常が生じるのが、脂質異常症です。

この状態になる原因でよく知られているのは、生活習慣の乱れです。高カロリーの食事やアルコールの過剰摂取、不摂生な食生活、喫煙、運動不足などが挙げられます。

また、糖尿病や肥満に付随して起こる場合もあります。

脂質異常症は、自覚症状がほとんどありません。知らず知らずのうちにこの病気を放置してしまうと、徐々に動脈硬化が進行します。

その結果、狭心症・心筋梗塞・脳梗塞・大動脈瘤など、さらに重大な合併症を引き起こしてしまいます。

脂質とは

さて、治療薬の話に入る前に、脂質についてもう少しくわしく見ていきましょう。

健康診断や人間ドックにおける、脂質の検査項目である「LDLコレステロール」「HDLコレステロール」「中性脂肪」に着目していきます。

LDLコレステロールがいわゆる「悪玉コレステロール」で、HDLコレステロールが「善玉コレステロール」です。

この後、たくさん登場するので覚えておいてください。

そもそも、コレステロールや中性脂肪とは、どういったものなのでしょうか。

図5-17にコレステロールと中性脂肪の構造を示しました。それぞれ左端と右端の長方形で表しているところには、さまざまな構造が当てはまります。ここに入るものが多様なため、コレステロールにも中性脂肪にも、いろいろな構造があります。

大前提として、水が植物油をはじくように、お肉の脂肪が水に溶けないように、「脂質は水に溶けづらいものだ」ということを覚えておいてください。

ただし、図に示した「ヒドロキシ基」は水の分子（H_2O）とよく似た構造であり、水となじむ性質をもちます。このように、部分的ではありますが水となじむ構造をもつコレステロールもあります（後ほど再登場します）。

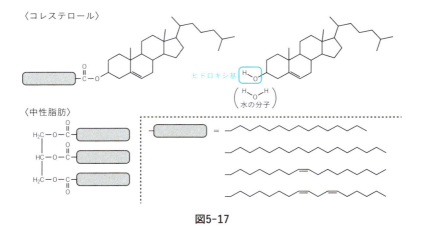

図5-17

じつは役に立つ「コレステロール」

　食べ物に含まれているコレステロールは小腸から吸収され、肝臓に向かいます。また、肝臓で合成されてつくられるものもあります。

　コレステロールには悪いイメージがついているかもしれませんが、じつは私たちの体内でいろいろと役立っています。

　コレステロールは細胞膜の構成成分の一つとして利用されたり、皮膚の角質層で皮膚を保護したりしています。さらに、血糖値を上げるホルモンであるコルチゾール、エストロゲンやアンドロゲンといった性ホルモンは、体内でコレステロールからつくられています。このように私たちにとって、なくてはならないものです。

中性脂肪（トリグリセライド）はエネルギーになる

　もちろん中性脂肪も食べ物に含まれており、吸収されると、コレステロールとともに肝臓に向かいます。

　コレステロールと異なる点は、全身の細胞にエネルギーとして利用されることです。

　血液中の中性脂肪は「リポタンパク質リパーゼ」や「肝性リパーゼ」という酵素によって、「グリセロール」と「脂肪酸」に分解されます（図5-18）。

　また、脂肪組織に蓄えられた中性脂肪も、必要に応じて「ホルモン感受性リパーゼ」という酵素によって分解されます。

　脂肪酸は全身の細胞でエネルギーになり、グリセロールは肝臓で糖新生の材料になるため、やはり最終的にはエネルギーになります。

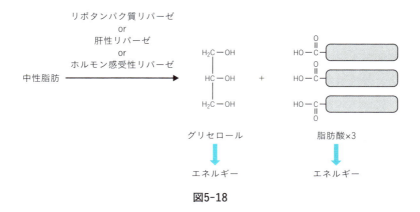

図5-18

悪玉(LDL)・善玉(HDL)コレステロールの共通点

　これらは、それぞれ「LDL」と「HDL」という集合体に含まれているコレステロールのことを意味します。どちらも、体内でコレステロールを運ぶ役割を担っています。
　以下、これらの集合体をわかりやすく「悪玉LDL」「善玉HDL」と表記します。

　じつは悪玉LDLと善玉HDLには、コレステロールだけではなく中性脂肪も含まれています（図5-19）。この２成分に加えて、タンパク質とリン脂質も含まれている集合体なのです。
　双方の構成成分は同じで、異なる点は、それら構成成分の比率です。悪玉LDLはコレステロールを多く含み、約半分を占めます。一方で、善玉HDLはタンパク質が約半分を占めているのです。

　さて、悪玉LDLと善玉HDLは血管内を移動してコレステロールの運搬を行なっています。
　本来、コレステロールと中性脂肪は、水分が中心である血液にはなじみ

ません。

　そのため、水と相性のよい構造をもつタンパク質とリン脂質を外側に配置して球状の集合体をつくり、全体としては血液になじむようにしています（図5-19）。

　この際、ヒドロキシ基をもつコレステロールも、その構造を外側にして配置されます。

　このようにして、コレステロールと中性脂肪は血管内を移動できるようになっています。

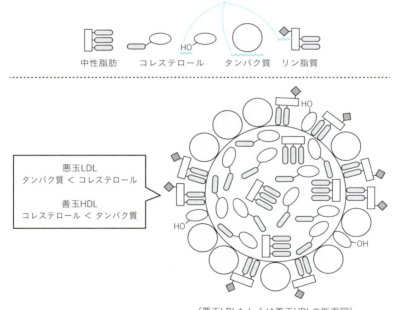

図5-19

悪玉LDL・善玉HDLの役割

　続いて、それぞれの役割について詳細をお話ししていきますね。

　まずは、悪玉LDLについて。悪玉LDLは、肝臓から血液の中を流れていき、全身の組織にコレステロールを運ぶ役割を担っています（図5-20）。

　脂質異常症の一種である「高LDLコレステロール血症」は、悪玉LDLが血液中に増え過ぎた状態です。

　コレステロールがたくさん含まれている悪玉LDLは、血管に悪影響を与えてしまいます。

　過剰な悪玉LDLが血管に蓄積し、その通り道を狭めていき、やがて動脈硬化に至るのです。

　ちなみに、心臓から送り出された血液が通る動脈と、心臓に返ってくる血液が通る静脈の流れには差があり、動脈のほうが速く勢いがあります。

　そのため、動脈の血管は傷つきやすく、その傷が動脈硬化の引き金となってしまいます。

　なお、先に述べたように糖尿病や高血圧も動脈硬化を引き起こします。脂質異常症に加えて、こういった状態にあると、いっそう動脈硬化の進行を促してしまうのです。

　続いて、善玉HDLの役割を見ていきましょう。

　悪玉LDLと同様に、善玉HDLも血管の中を流れています。

　その役割は、余ったコレステロールを全身の組織から回収して肝臓に運ぶことです。

　余分な悪玉LDLが動脈硬化の原因になるわけですから、そこからコレステロールを回収する善玉HDLが増えると、動脈硬化のリスクが低下します。

　逆に、善玉HDLが少なくなると動脈硬化のリスクが高まります。脂質異常症の一つである「低HDLコレステロール血症」は、この状態のことです。

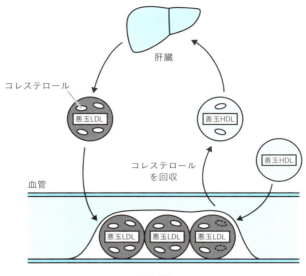

図5-20

　最後に、中性脂肪も動脈硬化につながる理由をお話しします。その一つとして、次のことが挙げられます。
　食事から摂取した中性脂肪は肝臓に向かい、やがて悪玉LDLの構成成分になります。そのため、中性脂肪を摂取し過ぎてしまうと、最終的に悪玉LDLが増え、動脈硬化につながってしまうのです。

　ですから、脂質の検査項目のうち、「LDLコレステロール」「HDLコレステロール」だけでなく、「中性脂肪」にも注意する必要があります。
　なお、この値が高くなった状態は脂質異常症の「高トリグリセライド血症」と呼ばれています。

6 | コレステロールや中性脂肪を減らす4つのしくみ

　脂質異常症の治療法としては、まずは生活習慣の改善を行ないます。3〜6か月間行なっても管理目標に到達しない場合、薬物治療が追加されます。

　その際に使われる薬は、増えてしまった悪玉LDLや中性脂肪を減らしていく効果があり、脂質異常症を改善することが可能です。

　それでは、これらの薬のしくみについて解説していきますね。

コレステロール生成の本拠地、肝臓を狙う

　まずは、「スタチン（HMG-CoA還元酵素阻害薬）」と呼ばれる薬です。

　この薬は、コレステロールに深く関わっている肝臓で効果を発揮します。

　前節で述べたとおり、コレステロールは、食物から摂取されるものだけではなく、肝臓で合成されるものがあります。実は食事からの分が3割で、体内でつくり出している分が7割を占めています。

　コレステロールがつくられている場所である肝臓を狙うのが、スタチンというわけです。

　「プラバスタチンナトリウム（商品名：メバロチン）」「シンバスタチン（商品名：リポバス）」「フルバスタチンナトリウム（商品名：ローコール）」など、これらの医薬品の名前にはスタチンが入っています。

　三共（現在は第一三共）が開発したプラバスタチンナトリウムは、国内史上初めて年間売上が1000億円を超す医薬品になりました。

　プラバスタチンナトリウムのもとになった「ML-236B（コンパクチン）」

という分子は、青カビから得られたものです。フレミングのときと同様に、またしても青カビから有益な分子が見つかったわけです。

三共の遠藤章博士はカビやキノコに着目し、数多くの検体（6000以上）を調べた末にML-236Bを発見したんだよ（1973年）

それは結局、医薬品になったの？

臨床試験の段階で開発は止まってしまったんだ。でも、この分子の発見がもとになって多くのスタチンが開発されたんだよ

さて、これらの薬は、コレステロールをつくる過程にある「HMG-CoA」という物質から「メバロン酸」を合成する段階を妨げます（図5-21）。

① 必要となる「HMG-CoA還元酵素」という酵素のはたらきを邪魔する
② 肝臓におけるコレステロールの合成が抑制される
③ コレステロールの合成量が減ると、肝臓の外からコレステロールの回収が積極的に行なわれる

すなわち、血液中から悪玉LDLを取り込み、コレステロールを補充するのです。

こうして、血中の悪玉LDLが減少するわけです。

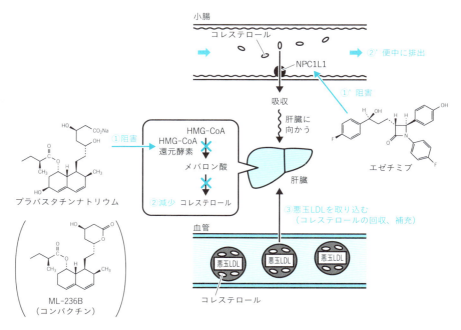

図5-21

コレステロールが吸収される、小腸を狙う

　他にも、「小腸コレステロールトランスポーター阻害薬」の「エゼチミブ（商品名：ゼチーア）」という薬があります。これは、食事に含まれているコレステロールが、小腸から吸収されるときを狙います（図5-21 ①'）。

　コレステロールは、小腸の細胞にある「NPC1L1」というタンパク質を通して吸収されます。

　エゼチミブは、このタンパク質の働きを抑えるため、コレステロールの吸収は抑制され、便中に排出されます（②'）。

　これで終わりではありません。肝臓に到達するコレステロールが減ると、スタチンのケースで説明したように、肝臓の外から悪玉LDLが積極的に取

り込まれ、コレステロールの回収、補充が行なわれます（③）。

その結果、血液中の悪玉LDLが減少します。

中性脂肪を減少させる

続いて、「フィブラート系薬剤」と呼ばれる薬についてお話しします。

「ベザフィブラート（商品名：ベザトールSR）」「クロフィブラート（商品名：クロフィブラート）」「ペマフィブラート（商品名：パルモディア）」など、名前の後ろにフィブラートがついている薬たちです。

詳細は割愛しますが、細胞の核内に存在する「PPARα」と呼ばれる受容体に結合して活性化し、脂質に関連するいくつかの作用を引き起こします。

この薬の主な効果である、血液中の中性脂肪を減少させるメカニズムを説明していきます（図5-22）。

前節で、中性脂肪がグリセロールと脂肪酸に分解されてエネルギーになることを述べました。

それとは逆に、グリセロールと脂肪酸から中性脂肪をつくる経路が肝臓にはあります。そこに作用するのです。

①　肝臓で、中性脂肪の材料となる脂肪酸の分解を促進

②　合成される中性脂肪が減少

③　肝臓から血液中に放出される中性脂肪も減少する

また、この薬には血液中の中性脂肪を分解する酵素のリパーゼ（リポタンパク質リパーゼや肝性リパーゼ、p.160参照）を増加したり、活性化したりする作用もあります。

そのため、すでに血液中に存在している中性脂肪や、食事から吸収する

途中の中性脂肪の分解も促進します（④）。

このように血中の中性脂肪を顕著に低下させるので、値が高い患者さんに使われます。

さらに、フィブラート系薬剤には、善玉HDLを形成するタンパク質を増加させる作用もあり、この値も改善が可能です。

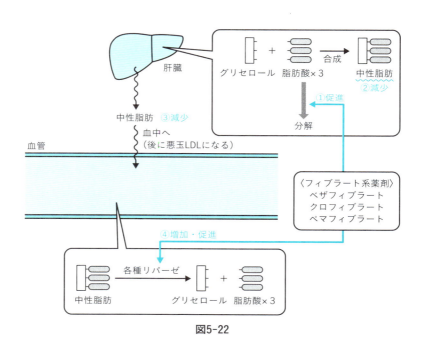

図5-22

脂質を「油」で減らす

最後に、「オメガ-3系（多価不飽和）脂肪酸」の薬です。

これは、「ドコサヘキサエン酸（DHA）」や「イコサペント酸（EPA）」といった、魚に多く含まれている油として有名です。

脂質を減らすのに油を使うのは、なんだか不思議な感じがしますが、中

性脂肪を減少させる効果があることがわかっています。

　ちなみに、オメガ-3の「3」は、DHAやEPAの構造を端から数えて3番目の炭素原子から二重の結合が生じていることに由来します。

　これらの構造を少しだけ変えたものが医薬品になっています（「エパデール（持田製薬）」「ロトリガ（武田薬品）」）。

　なお、2013年4月、生活習慣病に対する医薬品の中で初めて、エパデールのOTC医薬品である「エパデールT（大正製薬）」「エパアルテ（日水製薬）」が販売されました。

　これらは医療用医薬品が処方箋なしで手に入るようになった、スイッチOTCというわけです。

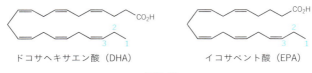

ドコサヘキサエン酸（DHA）　　　イコサペント酸（EPA）

図5-23

　というわけで、この章では生活習慣病に使われる薬を説明しました。

　ここで紹介した生活習慣病は、どれも血管にダメージを与えるものでした。

　動脈硬化のリスクを高める危険な病気なので、まずは生活習慣の改善により予防していきましょう。

| Column | 飲み物が与える薬への影響 |

　飲み物の中には、薬の効果に影響を与えてしまうものがあります。有名なものがグレープフルーツジュースです。専門的にはよくGFJ（grapefruit juice）と略して呼ばれています。

　グレープフルーツジュースを飲んでいると問題が生じる薬は、先ほど登場した、高血圧の患者さんに使われる「カルシウム拮抗薬」です。

　この薬は、小腸から吸収される際に、薬の構造を変換する「シトクロムP450」の「CYP3A4」という酵素によって、その一部が分解されます。

　このような酵素は肝臓だけでなく、じつは小腸にも存在します。

　グレープフルーツジュースに含まれる成分は、この酵素の作用を弱めることがわかっています。

　そのため、本来酵素によって分解されるはずの治療薬も小腸から吸収されてしまい、血液中に存在する治療薬の量が想定よりも多くなります。

　その結果、血圧を下げる作用が強くなってしまい、めまいやふらつきなどが生じることがあるため危険なのです。

　この成分は、「フラノクマリン類」と呼ばれる、分子のグループです。

　その代表的な分子の構造を次に示しました。

　ちなみに、これらの成分は果肉よりも皮に多く含まれています。そのため、グレープフルーツの果肉を食べるよりも、皮ごと搾るグレープフルーツジュースを飲むほうが薬に影響を与える可能性が高いのです。

ベルガモチン

第 **6** 章

じつは奥深い胃腸薬の世界

この章でわかること

- ☑ 胃酸を抑えるメカニズム
- ☑ ピロリ菌が胃の中で生き抜ける理由
- ☑ 下痢止めが腸を落ち着かせる方法
- ☑ 便秘薬が便を軟らかくする方法

1 | 胃酸を抑えるメカニズム

　お腹のトラブルは、多くの人が経験していると思います。食べ過ぎ・飲み過ぎ・ストレスなどにより、胃の調子が悪くなるときがありますよね。

　お腹に悪いものを食べて下痢になることもありますし、食事のバランスが悪かったり運動不足だったりすると便秘になることもあります。

　そのようなとき、ドラッグストアに売られている薬で対処している方は多いのではないでしょうか？

　この章では、胃や腸に作用する薬について、とくにOTC医薬品を中心にお話ししていきます。

胃酸の量を調整するには

　まずは、胃の調子が悪くなったときに使われる「ガスター10（第一三共ヘルスケア）」について。有名な胃腸薬ですが、どのようなしくみで効いているのでしょうか？

　簡潔にいうと、ガスター10の有効成分である「ファモチジン」が、胃が不調に陥る原因の一つである「胃酸」の分泌を抑制します。

　第2章では、胃の中に含まれている胃液は強い酸性であることと、胃はアルカリ性の粘液で守られていることを説明しました。酸の力によって食物の消化を助けたり、殺菌したりしているのでした。

　胃液が酸性なのは、胃の細胞から胃酸が分泌されているためです。

　この胃酸が過剰に分泌されてしまったり、胃を守る粘液の力が低下してしまったりすると胃が傷つき、これが進行すると「胃潰瘍」になってしま

います。

　なお、胃を通過した消化中の内容物は小腸の入り口部分である「十二指腸」に到達し、膵臓から分泌されるアルカリ性の膵液によって中和されます。

　とはいえ胃酸が過剰に分泌されていると、十二指小腸を傷つけてしまうこともあります。この状態が続くと、いずれはこの部分が深く傷ついて「十二指腸潰瘍」に至ります。

　また、酸性である胃の内容物が逆流することにより、胃の上にある食道を傷つけることもあります。いわゆる「逆流性食道炎」は、この逆流が生じた結果、食道が炎症した状態です。

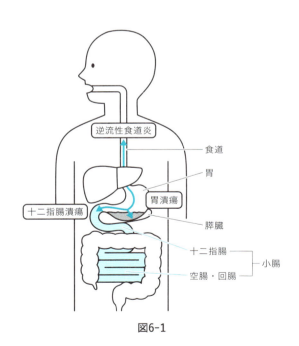

図6-1

　ファモチジンはもともと、1985年に発売された医療用医薬品「ガスタ

ー（LTLファーマ）」の有効成分です。やはり胃酸の分泌を抑える必要がある患者さんに使われており、胃潰瘍・十二指腸潰瘍・上部消化管出血・逆流性食道炎などに効果があります。

この薬は副作用が少なく、安全性が高いため、1997年に処方箋がなくても入手できるガスター10として販売されました（スイッチOTC）。

このような流れを経て、ファモチジンが身近なものになり、胃痛・胃もたれ・胸やけなどに使われているのです。

なお、医療用医薬品であるガスターの場合、ファモチジンの量は1回20mgを1日2回（もしくは40mgを1回）服用します。

一方、ガスター10の場合は1回10mgを1日2回なので、ファモチジンは医療用医薬品の半分の量に抑えられています。

安全性が高い上に量が少ないとはいえ、医療用医薬品と同じファモチジンであり、薬剤師の説明が必要な第1類医薬品に分類されていますので、きちんと説明を受けて正しく服用しましょう。

注意点として、ファモチジンは腎臓から排泄される薬なので、腎臓の機能が低下していると薬の排泄が滞り、副作用が出やすくなることが挙げられます。

腎臓の機能は加齢により低下するため、65歳以上の人は注意して服用する必要があり、80歳以上の人は服用しないことになっています。

ファモチジンが効くしくみ

それでは、ファモチジンが私たちの体内でどのようにはたらいているのか、そのしくみの詳細を見ていきましょう。

まずは胃酸の分泌について、少しくわしく説明しますね。

胃酸を分泌しているのは、胃粘膜を構成する細胞の一つである「壁細胞」

です（図6-2）。

　胃酸の「酸」の正体は、「プロトン（水素イオン）」と呼ばれるもので、水素の元素記号にプラスをつけた化学式「H^+」で表します。

　このプロトンは、壁細胞がもつタンパク質である「プロトンポンプ」によって汲み出されています。

　このタンパク質はエネルギーを消費して、プロトン（H^+）とカリウムイオン（K^+）というミネラルを交換する形で、胃の中にプロトンを分泌しているのです。

　さて、胃酸は消化活動を助けているのですが、そのはたらきは自律神経系によって調節されています。自律神経系とは交感神経と副交感神経のことで、消化活動は副交感神経が優位のときに活発に行なわれるのでした。

　胃酸の分泌や腸の運動が調節されるのですが、今回のポイントである胃酸の分泌は、副交感神経でのみ調節されます。

　脳から出た情報が伝わってきて、副交感神経からアセチルコリンが放出され、壁細胞がもつアセチルコリン受容体に結合します。

　こうして副交感神経の情報が壁細胞に伝わり、胃酸の分泌が促進されるのです。

　アセチルコリンの他にも、「ガストリン」というホルモンや、ヒスタミンによっても胃酸の分泌が促進されます。

ここにもヒスタミン受容体が

　この際、ガストリンは壁細胞がもつ「ガストリン受容体」を、ヒスタミンはヒスタミン受容体を刺激します。

　さて、ヒスタミン受容体といえば、花粉症のところでアレルギー反応を引き起こすしくみの一部として登場しました。

じつは、ヒスタミン受容体にはH₁受容体とH₂受容体という異なる機能をもつタイプがあります。
　アレルギー反応はH₁受容体で、今回の胃酸分泌の場合はH₂受容体です。
　このように、同じ物質（ヒスタミン）が結合する受容体であっても、異なる場所に存在して違うはたらきを担うことがあるのです。

アドレナリン受容体のα受容体とβ受容体も、そうだったね！（p.151）

　この胃酸の分泌は、自律神経の乱れや偏った食事などによって過剰になり、その結果胃痛が引き起こされます。
　情報を伝える物質が3種類（アセチルコリン、ガストリン、ヒスタミン）も出てきましたが、それらが結合する受容体のうち、ヒスタミン受容体のはたらきを阻害した際に胃酸の分泌を有効的に抑制できることがわかっています。
　そのような薬の一つが、ガスター10の有効成分であるファモチジンなのです。

　ヒスタミン受容体（H₂受容体）をブロックする薬は「H₂ブロッカー」と呼ばれており、他にも「シメチジン（商品名：タガメット、カイロック）」「ロキサチジン（商品名：アルタット）」「ニザチジン（商品名：アシノン）」「ラフチジン（商品名：プロテカジン）」などがあります。
　このタイプの薬をつくり出した薬理学者のジェームス・ブラックは、1988年のノーベル生理学・医学賞に輝いています。

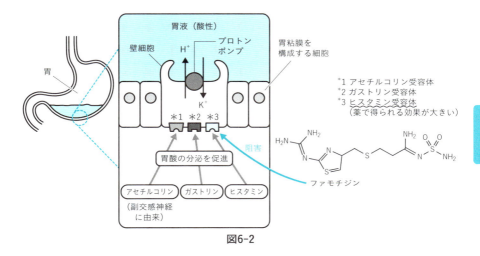

図6-2

　ガスター10（ファモチジン）の他にも、「イノセアワンブロック（ロキサチジン：佐藤製薬）」がOTC医薬品として販売されています（第1類医薬品）。

　ちなみに、胃もたれや消化不良に関しては、消化酵素を含んだ薬が選択肢として優れています。
　例えば、「ストマーゼ顆粒（ゼリア新薬）」や「ベリチーム酵素（シオノギヘルスケア）」や「大正胃腸薬バランサー（大正製薬）」といったOTC医薬品が売られています。これらの力を借りて、消化し切れていない食べ物を消化してもらいましょう。
　また、胃酸によって胃や十二指腸の損傷が進み、深く傷ついた「潰瘍」の状態に陥ってしまうと、OTC医薬品で改善することは困難です。
　この治療については次節で紹介しますね。

2 │ 胃酸の中を生き抜く菌を倒す

　それでは、潰瘍の話に移ります。

　胃に起こるのが「胃潰瘍」、小腸上部の十二指腸というところに起こるのが「十二指腸潰瘍」です。いずれも胃酸によって、胃や小腸上部の十二指腸が深く傷つけられ、その一部が抉れた状態になってしまいます。

　まとめて「消化性潰瘍」と呼ばれており、大きな原因が2つあります。

潰瘍の2大原因

　一つ目は、イブプロフェンやロキソプロフェンといった痛み止めの服用です。

　痛み止めには、胃粘膜を保護する作用を弱めてしまう副作用があるのでした。だから、胃が痛いからといって、これらの痛み止めを飲んではいけないということでした。

　この副作用が生じてしまうと、酸性の胃液が胃を傷つけてしまい、消化性潰瘍を引き起こす場合があるのです。そのため、消化性潰瘍の治療においては、痛み止めの服用を中止することが検討されます。

　もう一つの原因は、胃に棲み着いてしまった「ピロリ菌」です。

　正式な名前（学名）は「ヘリコバクター・ピロリ」で、病理医のロビン・ウォーレンが1979年に発見しました。「ヘリコバクター」はらせん状の細菌という意味で、「ピロリ」は胃の出口付近（幽門）のことを意味します。

　この細菌は、口から侵入することはわかっていますが（経口感染）、そ

の感染経路の詳細は明らかになっていません。

　ピロリ菌は井戸水や唾液から検出されており、ひと昔前に、井戸水の使用や、乳幼児期の大人からの口移しによって多くの人が感染したといわれています。

　この細菌が発見されるまでは、胃液が強い酸性であるため、細菌は胃の中では生きていけないと考えられていました。ウォーレンは、胃には細菌は生息できないという、当時の常識を覆したのです。

　ウォーレンは消化器科の医師であるバリー・マーシャルとともにこの細菌の分離・培養に成功しました（1982年）。ウォーレンとマーシャルの2人は、ピロリ菌に関する研究の業績により2005年のノーベル生理学・医学賞に輝いています。

　すべての感染者が疾患を引き起こすわけではありませんが、胃潰瘍と十二指腸潰瘍、さらには胃がんとの関連性が認められています。

**　それではなぜピロリ菌は、強い酸性である胃の中で生きていけるのでしょうか？**

　この細菌は「ウレアーゼ」という酵素をもっており、それによって胃の中にある「尿素」から「アンモニア」を発生させています（図6-3）。

　アンモニアはアルカリ性を示すため、ピロリ菌の周囲にある胃酸をアンモニアが中和し、胃の中で生きていけるというわけです。

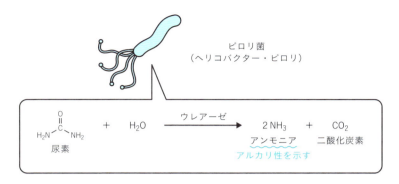

図6-3

消化性潰瘍を治療するためには、ピロリ菌を薬で倒す必要があります。細菌を倒す薬といえば、第4章で述べた抗菌薬です。

ピロリ菌を倒すには、マクロライド系抗菌薬の「クラリスロマイシン」と、ペニシリン系抗菌薬の「アモキシシリン」を使います。これらはもちろん、医療用医薬品です。

胃酸を抑える、もう一つのメカニズム

しかし、それだけでは不充分で、胃を痛めつけている酸にも対処する必要があります。

抗菌薬と同時に胃酸の分泌を抑える薬を服用するのですが、ここでは前節で述べたH₂ブロッカーではなく、「オメプラゾール（商品名：オメプラール、オメプラゾン）」または「ボノプラザン（商品名：タケキャブ）」という別の種類の薬を使用します。

どちらの薬も、壁細胞がもつプロトンポンプのはたらきを邪魔し、胃酸の分泌を抑制します。しかし、そのしくみは少々異なっており、オメプラゾールはプロトンポンプに結合することにより、ボノプラザンはカリウムイオンの流入を阻害することにより効果を発揮します（図6-4）。

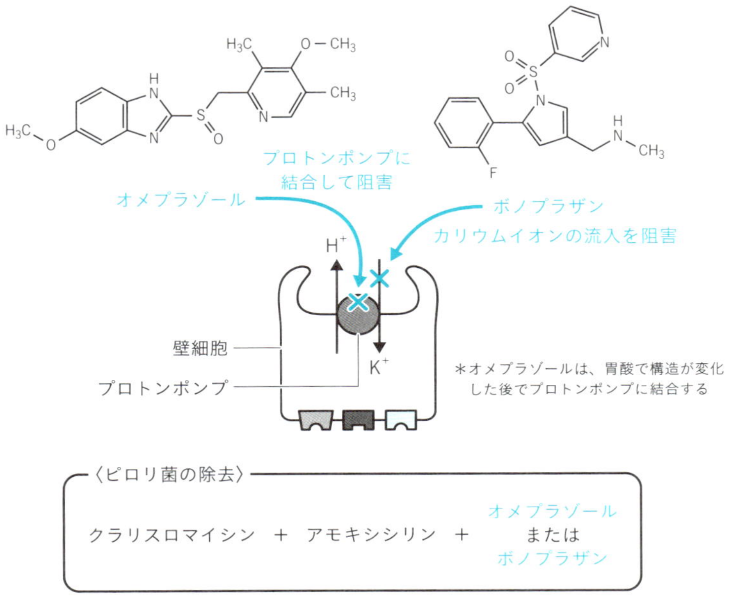

プロトンポンプに
結合して阻害

オメプラゾール

ボノプラザン
カリウムイオンの流入を阻害

H^+

壁細胞

プロトンポンプ

K^+

＊オメプラゾールは、胃酸で構造が変化
した後でプロトンポンプに結合する

〈ピロリ菌の除去〉

クラリスロマイシン ＋ アモキシシリン ＋ オメプラゾール
または
ボノプラザン

図6-4

　得られる最終的な効果は、どちらも胃酸の分泌の抑制ですが、それぞれ異なった特徴があります。

　オメプラゾールはH_2ブロッカーよりも効き目が強く、長く効く薬です。

　ボノプラザンは、得られる効果の個人差が小さく、ピロリ菌除去の成功率が高いという長所をもちます。しかし、値段が高いのが短所です。

　というわけで、ピロリ菌は2種類の抗菌薬を使って倒し、胃酸の分泌はオメプラゾールまたはボノプラザンのどちらかの薬で抑制します。

　この3つを併用することにより、消化性潰瘍の治療が行なわれます。

　それでも改善しなければ、さらに別の薬が使われるという流れです。

　また、OTC医薬品ではピロリ菌を退治することはできません。胃がんが発生するリスクも高いため、早めに受診するようにしましょう。

3 腸をなだめよう

　次に、OTC医薬品の「ストッパ下痢止めEX（ライオン）」について説明します。名前のとおり下痢を止める効果をもつこの薬は、どのようなしくみではたらいているのでしょうか？

　まずは、そもそも下痢がなぜ起こるのかを考えていきましょう。
　通常、便は次のような過程でつくられます。
　小腸で食物の消化・吸収が行なわれた後、吸収されなかったものは大腸に運ばれます。
　これは、最初は液状なのですが、腸管の運動によって運ばれていくうちに、便から大腸に水分が吸収されて固まっていきます（図6-5）。
　ちなみに、大腸には大量の腸内細菌が待ち構えており、人がもつ消化酵素では消化できなかったものの一部を分解してくれています。
　そして最終的に、便は固まった状態になって排泄されます。

下痢を起こす原因

　しかし、暴飲暴食をすると、下痢になってしまうことがありますよね。
　大量の飲食物により、便を押し出すための腸管の運動が活発になり、便の水分が大腸に充分に吸収される前に排泄されてしまうのです。この際、水分を摂取し過ぎていると、そもそも便に含まれる水分量が増えているため、いっそう便が固まらなくなってしまうというわけです。

　他にも、お腹の風邪や食中毒の原因になる細菌・ウイルスが体内に侵入してしまうと、下痢が起こります。

このときは、腸管内の水分量が増していきます。腸に炎症が起きて腸管の壁から液体が滲出したり（滲出液）、便を滑らかにする水分（正確には粘液）が大量に分泌されたりするからです。さらに、腸に炎症が起こると便から腸管への水分の吸収にも障害が起こります。
　これらの理由から、便が固まらなくなってしまうのです。

　また、ストレスにより下痢になる場合もあります。
　ストレスが原因である「過敏性腸症候群」に陥ると、腸管の運動が活発になり、やはり便から水分を吸収するのが間に合わなくなってしまうのです。
　このように、さまざまな原因によって下痢が引き起こされるのです。

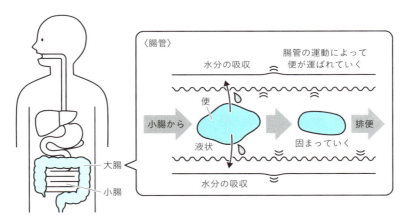

図6-5

2つの有効成分が効くしくみ

　それでは、「ストッパ下痢止めEX」について見ていきましょう。
　この薬には、有効成分として「ロートエキス」と「タンニン酸ベルベリン」が含まれています。

まずはロートエキスについて説明します。

　これは、ナス科の「ハシリドコロ」という植物から得た「ロートコン」という生薬から抽出したエキスです。これには、「アトロピン」や「スコポラミン」といった、副交感神経に影響を与える成分が含まれています。

　この章の１節で述べたように、副交感神経が活発になると、消化活動が促されます。つまり、腸管の運動は促進されます。

　アトロピンやスコポラミンは、副交感神経が腸管に情報を伝達するための「アセチルコリン受容体」に結合し、その情報を遮断します。

　そのため腸管の動きが抑制され、便が出にくくなるというわけです。

　もう一つの有効成分であるタンニン酸ベルベリンは、胃を通過して腸内に到達すると、「タンニン酸」と「ベルベリン」に分解されます。

　タンニン酸は腸の粘膜に存在するタンパク質に結合し、粘膜を覆うはたらきをもちます。これによって、刺激性をもつ物質が腸の粘膜に刺激を与え、腸管の運動が促進されるのを防ぎます。

　腸の粘膜の表面にさらに膜をつくり、刺激から保護する効果をもつわけです。このような薬は、「収斂薬」と呼ばれています。

　タンニン酸とともに生じたベルベリンも、もともとは生薬に含まれる成分です。

　キンポウゲ科の植物「オウレン」から得られる生薬の「オウレン（黄連)」や、「キハダ」というミカン科の植物から得られる生薬の「オウバク（黄柏)」に含まれています。

　ベルベリンは殺菌薬に分類される物質であり、細菌が原因の下痢に効果をもちます。

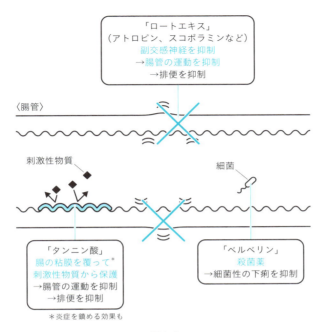

図6-6

植物由来のものが多いんだね！

じつはタンニン酸もそうなんだ。ウルシ科のヌルデという植物に昆虫が寄生して生じたこぶ（＝虫こぶ）にたくさん含まれているんだ

えー！　虫も関わっているなんて驚きだね！

以上のように、各成分がはたらいて下痢を防いでいます。ただし、下痢止めを服用する上で注意しなくてはならないことがあります。

　下痢は、速やかに有害な細菌やウイルスなどを体外へ排出する体の防御反応です。原因によっては、下痢を止めるのが最善ではない場合があります。

　また、下痢を起こしている際には体から水分が大量に失われます。それと同時に、そこに溶けているミネラルも排出されています。失われてしまった水分やミネラルの補給を忘れないようにしましょう。

4 | 便に水を吸ってもらうには

この章の最後として、便秘についてお話しします。

便秘とは、皆さんもご存じのように便の排出が満足にできない状態です。

いくつかのタイプに分類されますが、その一つに、腸管の運動が低下することで起きるものがあります。

こうなると大腸内での便の移動に時間がかかり、便の水分が腸管に吸収され過ぎてしまいます。その結果、便が硬くなり、さらに排泄しにくくなってしまうのです。下痢のときとは逆の状態ということです。

便秘薬を服用することで、このような便の排泄を促すことが可能です。

このしくみについて、有名なOTC医薬品の「コーラック」シリーズを例に解説します。

コーラックは、大正製薬から発売されている便秘薬です。いくつかある製品のうち、ここでは3種類に絞って、その有効成分を見ていきましょう（図6-7 A）。

腸の水分を増やす

まずは、本書で何度か登場している「酸化マグネシウム（MgO）」が含まれている「コーラックMg」です。

服用した酸化マグネシウムは胃酸と腸内で変換を受けて、「マグネシウム重炭酸塩（$Mg(HCO_3)_2$）」または「マグネシウム炭酸塩（$MgCO_3$）」という物質になります。

すると、大腸内に存在するこれらの物質を薄めようとする力（浸透圧）

がはたらき、腸管の組織から腸管内に水分が移行してきます。

腸管内の水分が増えた結果、大腸内で硬くなって排出されずにいる便が水を吸って柔らかくなるのです。

この力は、SGLT2阻害薬とチアジド系利尿薬のところで説明した力と同様のものだよ

便の流れを速くする

「コーラックⅡ」という製品には、「ビサコジル」と「ジオクチルソジウムスルホサクシネート」の２種類が有効成分として含まれています。

前者は、大腸の腸管を刺激し、低下してしまった腸管の運動を促します。そうすることで、便の流れを改善するのです。

後者は、腸管内にある水分を便に浸透しやすくさせる効果があります（界面活性作用によって、水の表面張力が低下する）。その結果、酸化マグネシウムのときと同様に、便が軟らかくなります。

「コーラックハーブ」には、「センノシド」という有効成分が含まれています。

センノシドは、マメ科の植物から得た生薬「センナ」の他、タデ科の植物から得た「ダイオウ（大黄）」という生薬にも含まれている分子です。

腸内に存在する腸内細菌によって、１分子のセンノシドから２分子のレインアンスロンに変換されることがわかっています（図6-7 B）。

このレインアンスロンが腸管を刺激し、やはり腸管の運動を促進させるのです。

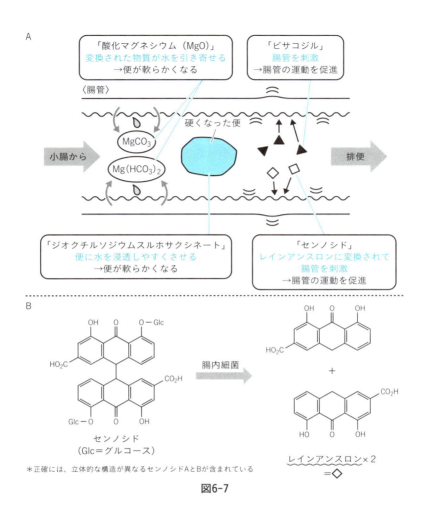

図6-7

　というわけで便秘薬は、腸管内で滞っている硬い便に水分を与えたり、大腸の運動を促したりするものでした。

| Column | 食べ物が与える薬への影響 |

食べ物の中には、薬の効果に影響を与えるものがあります。

例えば、納豆がある薬に影響を与えます。「ワルファリン（商品名：ワーファリン）」という、血液が固まるのを防ぐ薬です。

出血した際に血を止めるため、血液が固まることは大切な現象です。しかし、血管内で血液が固まってしまい、小さな塊の「血栓」ができてしまうと大変です。

生じた血栓は脳や肺の血管を詰まらせ、脳梗塞や肺塞栓の原因になります。これらの疾患になるおそれがある患者さんは、血栓ができるのを防ぐため、上記の効果をもつワルファリンを服用することがあります。

それでは、ワルファリンが効くしくみを見てみましょう。

第2章で、血液が固まるためには血小板が必要なことをお話ししましたが、他にも「ビタミンK」というビタミンが重要な役割を担っています。

血液が固まる過程で、ビタミンKは「ビタミンKキノン還元酵素」という酵素により変換され、その効力を発揮します。

ワルファリンは、この酵素を阻害し、ビタミンKの変換を邪魔をすることにより、血栓が生じることを防ぎます。

ワルファリンを服用中の患者さんが納豆を食べてビタミンKを多く摂取すると、血液を固める力が強くなり、薬の効果が薄れてしまうのです。

ワルファリン
（血栓の生成を防ぐ薬）

第 **7** 章

より安全な精神科の薬は
どうやって生まれたか

この章でわかること

☑ 睡眠薬と精神安定剤（抗不安薬）のしくみ

☑ 脳の活動を落ち着かせる有効成分

☑ 抗うつ薬のしくみ

☑ 精神科の薬の安全性は？

1 | 睡眠薬でもあり、抗不安薬でもある

　不眠や不安により心身に異常が生じて、生活に支障をきたしてしまうのが「不眠症」や「不安症」です。現在では日本人の成人のうち、約5人に1人が不眠の訴えをもっているといわれています。

　寝付きが悪かったり、夜中に目が覚めてしまったり、よく寝た気になれなかったりというのが、不眠の代表的な症状です。

　その要因は、痛みや頻尿などの身体的なもの、緊張やストレスなどの心理的なもの、コーヒー・タバコ・アルコールといった刺激物など、いろいろとあります。

　また、不安を感じるのは生物として生命の危機を回避するために必要なことですが、強い不安は過呼吸や息苦しさ、下痢などを引き起こし、生活に支障をきたす不安症となります。

　いろいろなことに常に取り越し苦労をしてしまう「全般不安症」、人に注目される場面で強い不安が生じる「社交不安症」、突然なんのきっかけもなく発作（動悸・発汗・窒息感など）を起こしてしまう「パニック症（パニック障害）」などさまざまな種類があります。

長い歴史をもつ「ベンゾジアゼピン系薬」

　不眠症と不安症の患者さんには、薬が必要と判断されると、それぞれ「睡眠薬」と「抗不安薬」が処方されます。

　長い間、睡眠薬としても抗不安薬としても用いられているのが「ベンゾジアゼピン系薬」です（図7-1）。

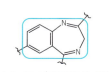 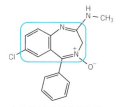

1,4-ベンゾジアゼピン骨格　　　クロルジアゼポキシド

図7-1

　かつて、構造の中に「1,4-ベンゾジアゼピン骨格」という骨格をもつ「クロルジアゼポキシド」という物質が発見され、1960年に抗不安薬として発売されました。この骨格をもとにして種々の医薬品が開発されたことから、こうした名前がついています。

　図7-2に示したとおり、ベンゾジアゼピン系薬には多くの種類があり、薬によって作用する時間の長さが異なります。

睡眠薬

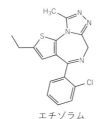

トリアゾラム
（商品名：ハルシオン）
超短時間型
（2〜4時間）

ブロチゾラム
（商品名：レンドルミン）
短時間型
（6〜10時間）

フルラゼパム
（商品名：ダルメート）
長時間型
（30〜100時間）

抗不安薬

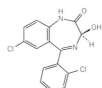

エチゾラム
（商品名：デパス）
短時間型
（6時間以内）

ロラゼパム
（商品名：ワイパックス）
中時間型
（12〜24時間）

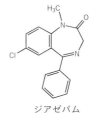

ジアゼパム
（商品名：セルシン、ホリゾン）
長時間型
（24時間以上）

＊括弧内の時間は、血液中の薬の濃度が最高値から半分になるまでの時間

図7-2

それでは、この薬が効くしくみについて、くわしく見ていきましょう。

脳の活動を抑える「GABA受容体」

脳内では、無数に存在する神経細胞から神経細胞に情報を伝えるために、さまざまな物質がはたらいています。

この伝達を担う物質には、脳を興奮させるものと活動を抑制するものがあります。

興奮させる代表的な物質としてはアミノ酸の一種である「L-グルタミン酸」が、抑制させる物質としては「GABA（γ-aminobutyric acid、γ-アミノ酪酸）」が知られています（図7-3）。

両者は神経細胞の細長い部分から放出され、別の神経細胞がもつ受容体に結合します。

それぞれに対応する受容体が存在し、L-グルタミン酸は「AMPA受容体」や「NMDA受容体」などに結合し、GABAは「GABA受容体」に結合して情報を伝達します。

睡眠薬と抗不安薬で鍵となるのは、抑制を促すGABA受容体のほうです。

ベンゾジアゼピン系薬は、このGABA受容体に結合し、脳の活動を抑制します。図7-3に示したように、GABAとは別の位置に結合し、GABA受容体を活性化します。

その結果、ベンゾジアゼピン系薬がもたらすさまざまな効果が形になって現れます。

具体的には「鎮静・催眠作用」「抗不安作用」「抗てんかん作用」「筋弛緩作用」をもたらすのです。

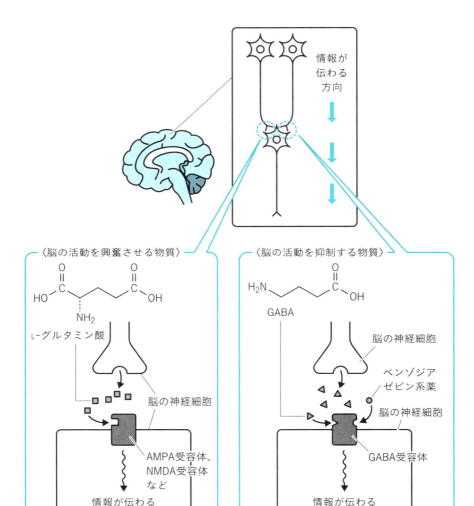

図7-3

「ベンゾジアゼピン系薬」が多用途に使える理由

　さらに細かく見てみると、GABA受容体には「ω_1受容体」と「ω_2受容体」の２種類があり、これら２つがもたらす作用は異なります（図7-4）。

　ω_1受容体は鎮静・催眠作用を、ω_2受容体は抗不安作用をもたらすため、ベンゾジアゼピン系薬は睡眠薬としても抗不安薬としてもはたらくことができるのです。どちらに強い効果が得られるかで、睡眠薬か抗不安薬かが決まってきます。

　また、ω_2受容体による抑制作用は、脳の神経細胞が過剰に興奮することにより起こる「てんかん」の治療に効果があり、「抗てんかん薬」として用いられるベンゾジアゼピン系薬もあります。

　さらにω_2受容体は、脳だけではなく脊髄の神経細胞にも分布しており、脊髄から筋肉への命令を抑制する作用もあります。そのため、ベンゾジアゼピン系薬は筋肉の収縮を抑制する「筋弛緩薬」として用いられるものもあるのです。

　このようにさまざまな作用をもつのがベンゾジアゼピン系薬なのです。

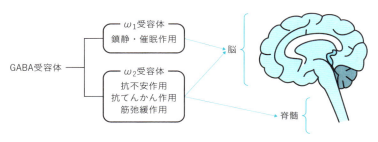

図7-4

2 | ベンゾジアゼピン系薬に残る課題

　さて、脳に作用する睡眠薬や抗不安薬には「危険性がある」と思っている人も多くいると思います。その原因を探るために、これらの薬の歴史を少し振り返ってみましょう。

　ベンゾジアゼピン系薬が使われ始めたのは、1960年代の前半です。それまでは睡眠薬として、「バルビツール酸系薬」という薬が主流でした。

　このタイプの薬は、調整を誤り呼吸が抑制されて起こった死亡事故や、自殺を企図しての大量服用が問題になりました。

　現在は睡眠薬としてはほとんど用いられず、全身麻酔の導入時に使われる麻酔薬や、抗てんかん薬として使用されます。

　バルビツール酸系薬よりも、安全性の高いベンゾジアゼピン系薬が広く使われるようになったためです。

薬が効かなくなる「耐性」

　安全性が高いとはいえ、ベンゾジアゼピン系薬にも問題点はあります。

　いわゆる「耐性」ができて薬が効かなくなってしまうと、自己判断による薬の増量につながり、やがて薬への依存が形成されてしまうケースが問題になっています。

　また、ベンゾジアゼピン系薬を連用中、急に服用を中止すると、「反跳性不眠・不安（薬の使用前よりも不眠や不安が強くなる）」や、いわゆる禁断症状を意味する「離脱症状（頭痛・動悸・ふるえ・しびれ・発汗など）」が起こることもあります。

　これらの問題があるため、自己判断で増量したり、中止したりしないよ

うにしましょう。

さて、前節で述べたように、ベンゾジアゼピン系薬はさまざまな効果をもつため、それが副作用として表れてしまうこともあります。例えば、抗不安薬として使っているのに、催眠作用も伴うため日中に眠気を催すおそれがあります。

また、ベンゾジアゼピン系薬がもつ筋弛緩作用によって力が入らなくなり、ふらつきや転倒を引き起こします。それによって骨折してしまうこともあり、とくに高齢者では問題になります。

なお、ふらつき・転倒を防ぐことができる、「ゾルピデム（商品名：マイスリー）」という睡眠薬が開発されています（図7-5）。

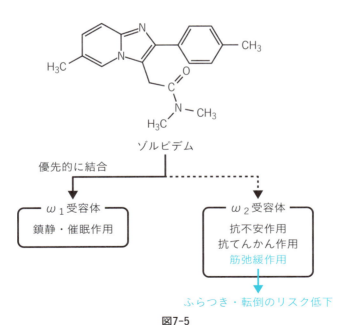

図7-5

ゾルピデムの構造には、ベンゾジアゼピン系薬に見られる共通点が見られません。それにもかかわらず、ベンゾジアゼピン系薬と同様のメカニズムでGABA受容体の活性化を行ないます。

　ただし、ゾルピデムはω_2受容体よりもω_1受容体へ優先的に結合するため、あまり筋弛緩作用をもたらさず、ふらつきや転倒を防げるのです。

　この際、ω_1受容体が活性化されて鎮静・催眠効果が得られるのですが、ω_2受容体を介して引き起こされる抗不安作用は弱いため、不安症は使用の対象にはなりません。

　また、ベンゾジアゼピン系薬と比較すると、ゾルピデムは耐性や依存が生じにくくなっています。

　ゾルピデムは安全性が高まった優れた睡眠薬ですが、ベンゾジアゼピン系の薬よりも催眠効果が弱い傾向にあります。以前にベンゾジアゼピン系薬を服用していた患者さんには、満足のいく効果が得られないことが少なくないそうです。

　広く使われてきたベンゾジアゼピン系薬には、依然としてさまざまな問題が残っているのが現状です。

　次に、その他の選択肢についてお話ししましょう。

3 睡眠のしくみへダイレクトに

ベンゾジアゼピン系薬に問題が残る中、近年、新しいしくみで働く睡眠薬が開発されました。これまで解説してきた薬は脳の活動を抑制するものでしたが、ここで紹介する薬は睡眠のしくみそのものに作用するものです。

なるべく自然に近い眠りを促す薬

まずは、体内ではたらいている「メラトニン」という物質に関係した薬について紹介します。

睡眠を促したり、そのリズムを調節したりしているのは、脳の「松果体」と呼ばれる部分だといわれています。

メラトニンは、その松果体から分泌されるホルモンです（図7-6 A）。おもに体が浴びる光によって分泌が調節されていて、昼の分泌量は少ないのですが、夜になるとたくさん分泌されます。

このホルモンは、体内時計の機能をもつ脳の「視交叉上核」にある「メラトニン受容体」に作用し、体温と血圧の低下、交感神経の抑制を促します。それによって、眠りに導く効果を発揮するのです。

図7-6 Bのグラフに示したように、メラトニンの分泌量は昼と夜で変化し、一日のリズムと連動しています。メラトニンは、睡眠と覚醒のリズムを調整するホルモンなのです。

通常時は夜に分泌量が多くなるメラトニンですが、生活習慣が乱れると、夜間におけるメラトニンの分泌量が低下して不眠に陥ります（図7-6 C）。

そこで2010年に、メラトニン受容体の作用を活性化する「ラメルテオン（商品名：ロゼレム）」という薬が登場しました。この薬は、メラトニ

ンそのものよりも、眠りに導く効果が強いのです。

　服用したラメルテオンは脳内にてメラトニン受容体を刺激して、夜だと教えてくれます。こうして自然な睡眠が促され、睡眠と覚醒のリズムが調整されるのです。

　この薬は、睡眠や覚醒のリズムが崩れた「睡眠覚醒リズム障害」への切り札となります。また、依存・耐性の形成や転倒の心配がベンゾジアゼピン系薬よりも低く、安全性が高いのが特徴です。

　ただし、眠りを促す作用がベンゾジアゼピン系薬よりも明らかに弱いという短所もあります。

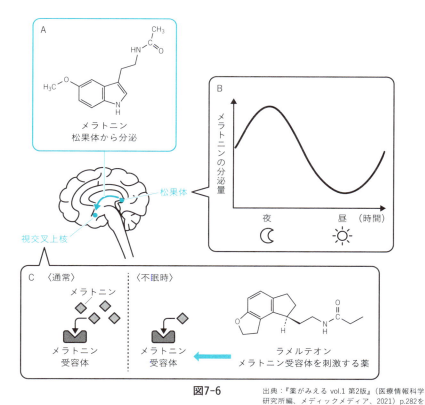

図7-6　　出典:『薬がみえる vol.1 第2版』(医療情報科学研究所編、メディックメディア、2021) p.282をもとに著者作成

他にも、新しいしくみではたらく睡眠薬として「スボレキサント（商品名：ベルソムラ）」が2014年に登場しました（図7-7）。

　不眠とは逆に、「ナルコレプシー」という、突然眠ってしまう睡眠発作を起こす病気があります。

　このナルコレプシーは「オレキシン」という物質の欠乏により引き起こされるため、この物質は覚醒の維持に関与していることがわかってきました。オレキシンは、脳の「オレキシン受容体」に結合することにより覚醒の状態を維持します。

　スボレキサントは、このオレキシン受容体を阻害し、睡眠を促すのです。

　入眠を促進するとともに夜中に起きたり、朝早くに目が覚めたりする症状も改善するため、とくにこのようなタイプの不眠への新しい選択肢の薬になります。

　さらに、依存や耐性、筋弛緩作用による転倒はほとんど示さず、依存や耐性も生じにくいという特徴をもちます。

　後に、同様のメカニズムではたらく睡眠薬である「レンボレキサント（商品名：デエビゴ）」も発売されました。

　このように、安全性が高く効果も期待できる睡眠薬の開発が行なわれています。

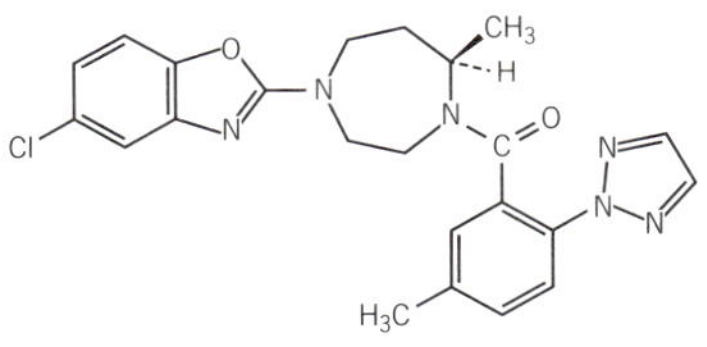

スボレキサント 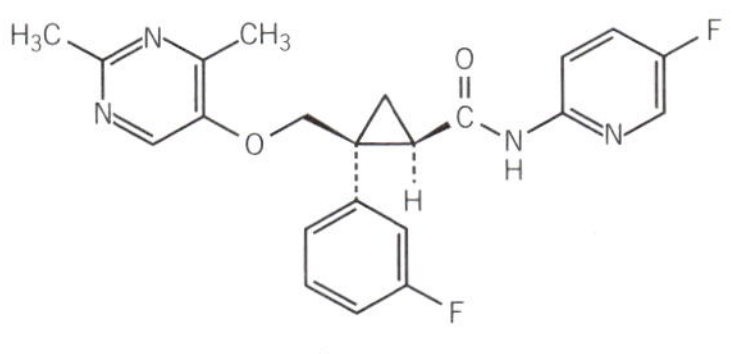　　　　　　　レンボレキサント

図7-7

4 | 不安が生まれないように する薬

　不安症においては、現在では抗うつ薬である「SSRI（Selective Serotonin Reuptake Inhibitor、選択的セロトニン再取り込み阻害薬)」が使われるようになりました。

　耐性・依存性・転倒などのリスクがあるベンゾジアゼピン系薬の出番は、じつは少なくなってきています。

不安への異なるアプローチ

　図7-8に示した４種類のSSRIが使われており、それぞれが特定の不安症に適応をもっています。

　この薬は脳に作用し、精神活動における調節機能を担当している「セロトニン」という物質の濃度を上昇させます（次節で詳細を説明します)。

　ベンゾジアゼピン系薬が生じた不安を「抑える」薬だったのに対し、SSRIは不安が「生じないようにする」薬です。

　これにより、全てのケースに用いられるわけではないものの、より安全性の高い薬を用いて不安症を治療する方向に進んでいます。

　ただし、SSRIを服用した初期には、食欲不振・嘔吐・腹痛・下痢といった消化器の症状が問題になります。

　また、急激に減薬したり中断したりすると「中断症候群」と呼ばれる症状（インフルエンザのような症状・電気ショックのような感覚・耳鳴り・めまいなど）が生じることがあります。

　さらに、SSRIをはじめとする抗うつ薬は、効果が表れるまでには通常

2〜4週間と、時間がかかってしまうことが難点です。

パニック障害など、すぐに効果を得る必要があるものは、SSRIの効果が表れるまではベンゾジアゼピン系薬が用いられることがあります。

同様に、社交不安症においては、症状が生じる原因となる「注目を浴びる」前にベンゾジアゼピン系薬を頓服薬で使用することがあります。

〈SSRI（選択的セロトニン再取り込み阻害薬）〉

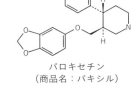

フルボキサミン
（商品名：デプロメール、ルボックス）

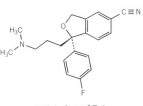

パロキセチン
（商品名：パキシル）

セルトラリン
（商品名：ジェイゾロフト）

エスシタロプラム
（商品名：レクサプロ）

図7-8

以上が、不眠症と不安薬の説明でした。

脳に作用する薬が、症状の改善に効果をもたらす治療に必要なものなのは間違いないですが、さまざまな副作用や離脱症状・中断症候群の問題が残っています。

適切な処方計画と、自己判断による増量や中止をしないことが重要です。

5 | 抗うつ薬のしくみ

　誰しも気分が落ち込んだり、やる気や元気が出なかったりすることはあると思います。

　そのようなメンタルの不調が回復しないまま、強い憂うつ感が長い間続いてしまうのが、うつ病です。

　今や、約15人に1人が一生のうちに一度はかかるといわれている、とてもひとごとではない病気です。

　この病気は遺伝的要因や性格的なもの、仕事のストレスや人間関係などの環境的な要因等が重なって発症するといわれています。

　うつ病患者は、精神だけでなく身体にも症状が現れ、生活に支障をきたしてしまいます。

　精神症状としては、抑うつ気分、集中力・判断力・決断力の低下、興味や喜びの喪失、不安感や絶望感などがあります。

　一方、身体症状としては、不眠、食欲・性欲の低下、全身倦怠感、頭・肩・腰の痛み、味覚障害、下痢や便秘などが現れます。

うつ病の原因とは？

　うつ病の原因として、「モノアミン仮説」が提唱されています。

　この「モノアミン」とは、脳内で神経細胞から神経細胞へと情報を伝える物質のうち、セロトニンやノルアドレナリン、ドーパミンなどのことを意味します。

　その伝達の様子を図7-9に示しました。

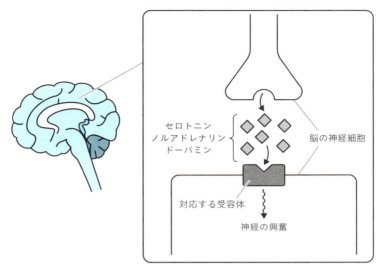

図7-9

セロトニン・ノルアドレナリン・ドーパミンは、体内でアミノ酸からつくられるよ。セロトニンはトリプトファンから、ノルアドレナリンとドーパミンはチロシンからつくられているんだ

　L-グルタミン酸やGABAと同様、これらの物質が対応する受容体に結合して情報が伝わっていきます。

　なお、セロトニンだけでなくノルアドレナリンやドーパミンも精神活動に関わっています。ノルアドレナリンは不安や恐怖などの情動に、ドーパミンは意欲・気力に関与します。

　これらモノアミン（とくにセロトニンとノルアドレナリン）の量が神経細胞と神経細胞の間の隙間で減少してしまうため、うつ病に陥ると考えられるようになりました。これが「モノアミン仮説」です。

この神経細胞同士の隙間（シナプス間隙と呼ばれる）におけるモノアミンを減らす薬（レセルピン）を用いると、うつ状態を引き起こします。また、うつ病を治療する抗うつ薬のメカニズムは、シナプス間隙におけるモノアミンの量を上昇させるというものです。これらを根拠に、この仮説が提唱されているのです。

　しかし、抗うつ薬の作用によって、数時間から数日の間でモノアミンの量が上昇するにもかかわらず、治療の効果が出るまでに2～4週間はかかるため、ここに矛盾が生じています。

　うつ病の原因については、他にもいくつかの仮説が立てられています。

　適切な治療のため、うつ病のメカニズムの解明が求められている状況です。

モノアミンを増やすには

　それでは、抗うつ薬によって、モノアミンの量を増やすしくみを説明していきましょう。

　前節で登場したSSRIは、代表的な抗うつ薬の一つです。

　うつ病の症状の発現には、セロトニン・ノルアドレナリン・ドーパミンの3つが関わっていますが、この薬は精神活動を調整するセロトニンを増やします。

① 神経細胞が、先端から別の神経細胞に向けてセロトニンを放出し、それが受容体に結合して情報を伝える

② 情報が伝わると、セロトニンは受容体から外れ、シナプス間隙に戻される。戻されたセロトニンは分解されるか、放出した側の神経細胞に取り込まれる

③ 後者の場合、セロトニンは神経細胞に備わっている「モノアミントランスポーター」というタンパク質を通して取り込まれた後、再利用される

④ SSRIが、再取り込みを行なうタンパク質を阻害する
⑤ 本来、回収されるはずのセロトニンが回収されない
⑥ シナプス間隙のセロトニンが増えていく

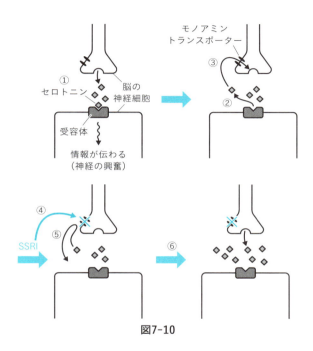

図7-10

「モノアミントランスポーター」は、門のような役割をもっているんだね！

そうだね。ちなみに、SSRIは、selective serotonin reuptake inhibitor ＜選択的セロトニン再取り込み阻害薬＞が省略されたものだったよね？　名前が機能を表していることがわかるよ

SSRIの短所は、治療の効果が出るには時間がかかるのに、副作用は服用後すぐに出てしまうおそれがあることです。セロトニンは消化器系とも関わっており、前節で述べたとおり、消化器系の副作用が問題になっています。

　また、中断症候群が起こるおそれもあります。４週間以上服用後、突然中止したり、急に量を減らしたりすると、さまざまな異常が体に生じることがあります。

　さて、SSRIをはじめとして抗うつ薬がはたらくしくみはわかっていますが、うつ病の原因が解明されていないため、対症療法を行なっているのが現状です。

　抗うつ薬を服用したうつ病患者のうち、症状が改善するのはおよそ７割であり、残りの３割の人には充分な効果が出ていません。

　この問題を解決するため、うつ病の原因の究明が行なわれています。

第8章

倒すべきは自分由来の細胞

この章でわかること

- ☑ がんの原因と3つの対処法
- ☑ がん細胞と普通の細胞は何が違う？
- ☑ 抗がん剤のメカニズム
- ☑ 抗がん薬で髪が抜ける理由
- ☑ ノーベル賞をもたらした、新しい抗がん薬

1　がんの「アクセル」と「ブレーキ」

　日本人の2人に1人はがんになると言われています。

　体内で細胞が増殖し生じた塊が大きくなったものを「腫瘍」と呼びます。「良性腫瘍」と「悪性腫瘍」に分類され、それぞれ大きくなる速度や発育の仕方が異なります。

　このうち、悪性腫瘍のことを、一般に「がん」と呼びます。悪性腫瘍は、増殖するのが速く、単に増殖するだけでなく、周囲の組織に侵入していきます（浸潤）。

　さらに、血管の中を移動し、生じたところとは別の場所で増殖し、新たな転移がんを形成します。

　がんによって、私たちの命は脅かされます。

　増殖した腫瘍が物理的な障害になり周囲を圧迫すると、痛みや出血を伴ったり、各臓器の機能が障害を負ったりします。また、正常な細胞が得るはずの栄養素を腫瘍が奪ってしまいます。さらに、正常な細胞に影響を与える物質を放出し、筋肉量や脂肪量を減少させます。

　悪性腫瘍の正体は、「がん細胞」が体の中で無数に増殖した塊です。

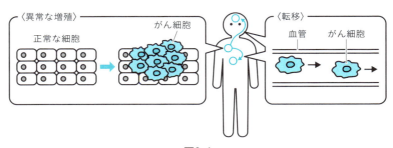

図8-1

がん細胞と通常の細胞の違い

およそ1cmのがんになる頃には、がん細胞の数は10億個ほどに達しているといわれています。

がん細胞は、私たちの正常な細胞に異常が生じて変化したものであり、その増殖は細胞分裂によって行なわれます。これは、もちろん正常な細胞のときにも行なわれています。

成長に伴い体は大きくなっていきますし、体が傷ついたら元通りにするために細胞分裂をします。

しかし、がん細胞の性質は異なり、際限なく細胞分裂を行なって増殖します。

例えば、シャーレの上で正常細胞とがん細胞を増殖させた場合、その異常さがよくわかります。

正常細胞が単一の層になって増殖が止まるのに対し、がん細胞の増殖は止まらず上に積み重なり塊になっていくのです。

がんの原因と3つの対処法

それでは、なぜがんになってしまうのでしょうか？

発がんのリスクは、喫煙・飲酒・紫外線・放射線・アスベスト・ウイルスの感染などによって高まります。

ウイルス感染により引き起こされるがんとは、ヒトパピローマウイルスによる子宮頸がん、肝炎ウイルスによる肝がんなどが挙げられます。

上記のようなさまざまな要因によって正常な細胞がもつ遺伝子（DNA）に異常が生じ、それが蓄積されながら増殖を繰り返した細胞が、やがてがん細胞になってしまいます。

がんの発生につながる決定的な遺伝子は、「がん抑制遺伝子」と「がん遺伝子」です。

がん抑制遺伝子がはたらくと、異常が生じたDNAが修復されたり、異常が生じた細胞が（増殖する前に）排除されたりします。

　この遺伝子が発がんを防ぐブレーキだとすると、がん遺伝子はアクセルに相当します。

　がん遺伝子は通常、必要に応じて細胞の増殖を促進するはたらきがありますが、もしコントロールを失うと、細胞が異常に増殖してしまいます。

　がん遺伝子に異常が生じるとアクセルが効き過ぎて、がん抑制遺伝子に異常が生じるとブレーキが効かなくなり、発がんにつながってしまうのです*。

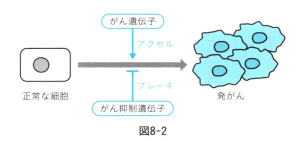

図8-2

　がんの治療法は、大きく分けると「手術療法」「放射線療法」「薬物療法」の3つがあります。手術療法は、がん細胞を取り除くために病巣を切除する方法です。放射線療法は、がん細胞に放射線を照射して、がんを縮小もしくは消失させる方法です。

　そして、薬物療法は、「抗がん薬（抗がん剤）」を使った治療法です。本書では、この「抗がん薬」のしくみについて説明していきます。

---

* これらの遺伝子の異常が遺伝することにより発がんのリスクが高まる「遺伝性腫瘍」もあります。その多くはがん抑制遺伝子が関連しています

2 │ 「DNA」の中を覗いてみると

　抗がん薬は、どのようにして効果を発揮するのでしょうか？

　そのターゲットはもちろん、がん細胞です。

　ポイントは、正常な細胞との大きな違いである、その異常な増殖性です。

　細胞分裂によって増殖し続けるわけですが、その際は第4章で説明したようにDNAが複製されつつ、細胞が分裂していきます。

　核や細胞壁の有無はありますが、その流れは細菌も、がん細胞も同様です。

　ある種の抗がん薬は、この増殖しているDNAをターゲットとし、細胞分裂を抑制することにより、がん細胞を倒す作用をもちます。

　このタイプは昔から使われている抗がん薬であり、とくに「細胞障害性抗がん薬」と言います。

DNAの「らせん」はどうつくられる？

　薬のしくみを説明する前に、ターゲットとなるDNAの構造を、分子のレベルで見ておきましょう。

　DNAを構成しているのは、図8-3に示した「ヌクレオチド」と呼ばれる4種類の成分です。

　リン原子（P）が含まれている「リン酸」の部分と、五角形の「ペントース」の部分はすべてに共通した構造です。

　「塩基」という窒素原子（N）を多く含む箇所だけ、その構造が異なっています。

　塩基には「アデニン（adenine）」「グアニン（guanine）」「チミン（thymine）」「シトシン（cytosine）」の4種類があり、それぞれ頭文字を

取って「A」「G」「T」「C」と略されます。

なお、本書では、図の右側に示したような、これらヌクレオチドを簡単に表したものも使って説明していきます。

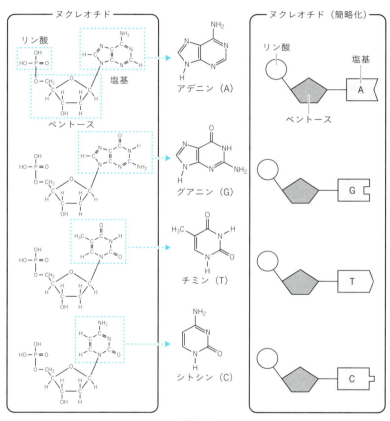

図8-3

DNAは、これらの構成成分がつながってできています。

図8-4①に示したように、たくさんのヌクレオチドがリン酸の部分を介して一方向につながっています。

これは「ヌクレオチド鎖」と呼ばれています。

このヌクレオチド鎖の塩基の配列が、タンパク質をつくるための情報になっているのです。

DNAは、ヌクレオチド鎖が2本くっついた状態で存在しています（図8-4②）。

塩基の部分が引き合い、2本のヌクレオチド鎖が逆向きの状態で結合しているのです。

このとき、4種類の塩基は、おのおのペアが決まっています。模式図の形がピッタリはまっているように、AはTと、GはCと結合します。

そして、この2本のヌクレオチド鎖は、らせん状の構造になっています（図8-4③）。

これが、いわゆる「二重らせん構造」です。

DNAが複製される際には、図8-4④に示したように、この二重らせんが解け、色を付けて示したヌクレオチド鎖が新しくつくられていきます。細胞分裂に備えて、DNAの量が倍になるのです。

正常な細胞もがん細胞も、この流れは同様です。

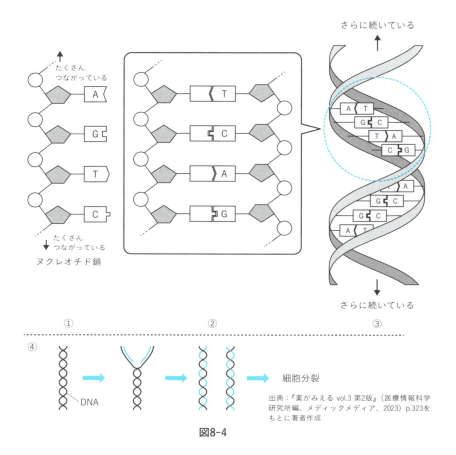

図8-4

3 | DNAを標的に

　それでは、DNAがターゲットである細胞障害性抗がん薬の具体例を見ていきましょう。

　まずは、「シクロホスファミド（商品名：エンドキサン）」という抗がん薬についてです（図8-5 A）。

　その構造は、第一次世界大戦中に化学兵器として使用された毒ガスである「マスタードガス」に由来します。

　この毒ガスに曝露されると、白血球の数が減少することがわかりました。

　そのことから、この毒性を弱めて異常な白血球の数を効果的に減少させることができれば、白血病（＝血液のがん）の治療薬になると考えられたのです。

　マスタードガスがもつ硫黄原子（S）を窒素原子（N）に変えると毒性が弱まることがわかり、1940年代に「メクロレタミン」が血液のがんの一種であるホジキンリンパ腫の治療に用いられました。

　さらに構造に改良が加えられ、1950年代にシクロホスファミドが開発されたというわけです。

　現在に至るまで、さまざまな種類のがんを治療するのに使われ続けています。

「くさり」をつくる邪魔をする

　それでは、この薬が効くメカニズムを説明しましょう。

　まず、シクロホスファミドは、肝臓に存在する酵素であるシトクロムP450の「CYP2B6」による変換を受けて、DNAに作用する「ホスホラミドマスタード」もしくは「ノルナイトロジェンマスタード」を体内で生成します（シトクロムP450についてはp.54参照）。

第8章 倒すべきは自分由来の細胞

これらの構造が異なる部分をまとめて、円形の図形で表記した分子1を用いて説明します。

　分子1は、図8-5 Bに示したように、DNAの構成成分である塩基の窒素原子（N）に結合します（構造内の塩素原子（Cl）は外れます）。

　DNAに結合する箇所は2つあるため、2個の塩基（とくにグアニン）と結合して2本のヌクレオチド鎖を結びます。

　この作用によりDNAの2本の鎖が固定されて解けなくなり、複製が邪魔されます。その結果、細胞分裂を抑制できるというわけです。

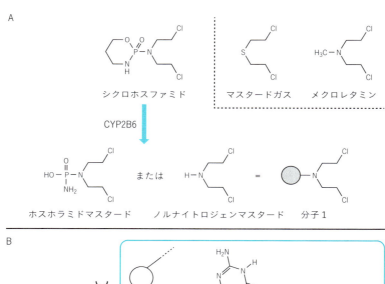

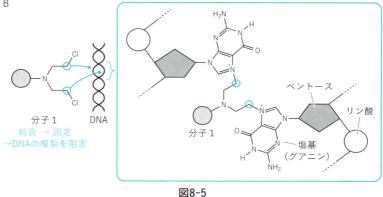

図8-5

続いて、「シスプラチン（商品名：ランダ、アイエーコール）」という薬について考えていきましょう（図8-6）。
　その構造に含まれている「Pt」は「白金（プラチナ）」の元素記号です。この薬も、やはりDNAの塩基に結合します。

　シスプラチンは、抗がん薬とは別の研究が行なわれている際に偶然発見されました。
　1965年、細菌への電流の影響を調べる研究において、白金の電極が使われ、その際に電極から生成した物質が細菌の増殖を抑えることがわかったのです。
　この物質がシスプラチンだとわかり、抗がん薬として使われることになりました。この薬もやはり、さまざまな種類のがんを治療するのに現在も使われています。

　シスプラチンが抗がん薬として効くしくみは、シクロホスファミドと類似しています。
　プラチナの原子（Pt）から塩素原子（Cl）が2つ外れ、グアニンのNの部分と2回結合し（もしくはグアニンとアデニンに1回ずつ結合し）、DNAが複製されるのを邪魔するのです。
　また、DNAからRNAへの情報のコピーも阻害します。

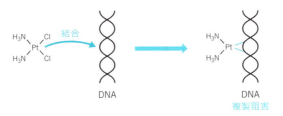

図8-6

DNAの素材を「つくらせない」薬

　次に、これまでの2つとは異なるしくみをもつ抗がん薬について説明していきましょう。

　図8-7 Aに、DNAの構成成分であるヌクレオチドが、生体内でつくられる反応を示しました。DNAのヌクレオチドには4種類の塩基がありますが、その中でもチミンを含む場合についてです。

　「デオキシウリジル酸」という物質に「チミジル酸合成酵素」という酵素が作用すると、円で囲って強調してある「–H」の部分が「–CH$_3$」という構造に変換され、「チミジル酸」になります（「–CH$_3$」と「H$_3$C–」は向きが異なる同じものです）。

　このチミジル酸は、図8-3で登場したチミンを含むヌクレオチドそのものです。

　この反応により、DNAの構成成分であるヌクレオチドが体内で合成されています。DNAの構成成分なので、当然DNAが複製されるときには必須になる物質です。

　さて、「フルオロウラシル」という抗がん薬は、投与されると体内で「フルオロデオキシウリジル酸」に変換されます。

　フルオロデオキシウリジル酸とデオキシウリジル酸の構造は非常に類似しており、チミジル酸合成酵素はデオキシウリジル酸と間違えてフルオロデオキシウリジル酸を取り込んでしまいます。

　しかし、フルオロデオキシウリジル酸は、構造内のフッ素原子（F）が邪魔をして「–CH$_3$」の構造に変換されません。

　それによってチミジル酸合成酵素のはたらきは阻害され、生成するはずのチミジル酸の合成が抑制されます。

　その結果、DNAの構成成分が足りなくなり、がん細胞はDNAを複製することができなくなるのです（悪性腫瘍が縮小）。

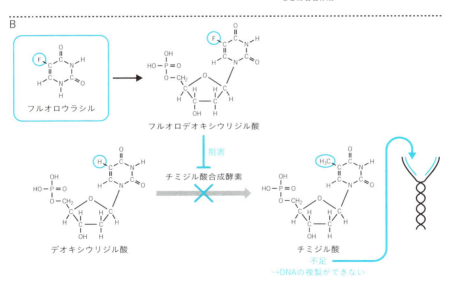

図8-7

また、「メトトレキサート（商品名：メソトレキセート）」という薬も、別のメカニズムでDNAの構成成分であるチミジル酸の合成を邪魔します（図8-8）。

鍵となるのは、ビタミンの一種である「葉酸」という物質です。私たちは普段、食物から摂取しています。葉酸は体内で「ジヒドロ葉酸」、続いて「テトラヒドロ葉酸」と、少しずつ構造が変換されていきます。

生成したテトラヒドロ葉酸は、先述のチミジル酸合成酵素を活性化させる作用をもちます。DNAの構成成分をつくるために必要な物質、というわけです。

なお、ジヒドロ葉酸からテトラヒドロ葉酸に変換される際には「ジヒドロ葉酸還元酵素」という酵素がはたらいています。

抗がん薬であるメトトレキサートは、この酵素を阻害します。

メトトレキサートは、葉酸と構造が類似しているため、この酵素を阻害することができるのです。

その結果、テトラヒドロ葉酸が減少してチミジル酸合成酵素の活性化が充分に行なわれず、やはりDNAの材料であるチミジル酸が足りなくなるのです。

がん細胞はDNAの複製ができずに悪性腫瘍は縮小します。

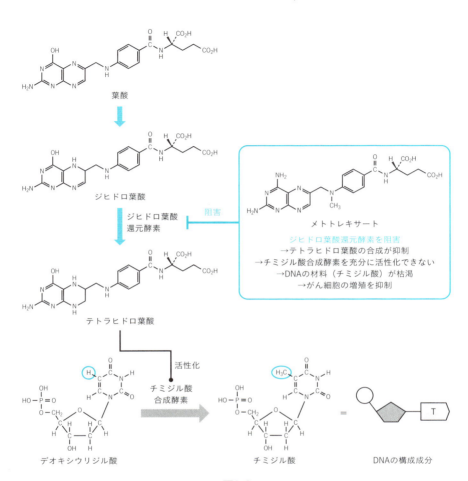

図8-8

ちなみに、ここで登場した「葉酸」は、妊娠前や妊娠中に多く摂取することが推奨されている葉酸のことだよ。DNAの構成成分をつくることが、この物質がもつ役割の一つなんだ

抗がん剤で髪が抜ける理由

　さて、細胞障害性抗がん薬は、一般的に、増殖速度が速いがん細胞ほど効果的に作用します。要するに、勢いよく成長するがん細胞のDNAを狙うわけですが、このことが抗がん薬の副作用と関係しています。

　抗がん薬は副作用が強いイメージがあると思います。それは、先述の薬を投与することによって、がん細胞だけでなく、正常細胞も攻撃されてしまうためです。

　私たちを構成する正常細胞も、もちろん細胞分裂しています。受精卵から胎児へ、子どもから大人へ体が大きくなっていく成長の過程においても、ケガをして傷ついた際に修復して元通りにするときも細胞分裂しています。

　他にも、日々伸び続ける毛髪の根本である毛根や、日々体内に入ってくる食物と接している胃腸の上皮組織、新しい免疫細胞がつくられ続けている骨髄などでは、細胞分裂が頻繁に行なわれています。

　その一方で、脳・心筋などは、基本的に細胞分裂はしません。

　正常細胞のうち、抗がん薬の影響を受けやすいのは細胞分裂が頻繁なものです。

　毛髪は抜け落ち、胃腸へのダメージにより下痢になり、免疫力が低下してしまいます。

　これまでは強い副作用をもつ抗がん薬を用いる状況が続いていましたが、近年、がん細胞に特徴的なタンパク質やしくみを狙った抗がん薬が開発され、使われるようになりました。

　それらについて、この章の残りで紹介していきます。

4 がん細胞の特徴的な 「分子」とは

　新しい抗がん薬として活躍しているのは、「分子標的薬」と呼ばれる薬です。

　従来の抗がん薬はさまざまな種類のがんに対して効果がありますが、細胞分裂が盛んな正常細胞も攻撃の標的であるため、強い副作用が問題になります。

　分子標的薬は、ある種のがん細胞がもつ特定の分子に狙いを定めて作用します。

　そのため、従来の抗がん薬よりも正常細胞へ作用しづらくなります。

　がんの種類によって標的となる分子は異なり、標的に合わせて薬の開発が行なわれています。分子標的薬のターゲットとなる分子は、受容体をはじめとするタンパク質です。

がんの「異常な増殖」につながる分子

　ここでは、「上皮成長因子受容体（Epidermal Growth Factor Receptor：EGFR）」という受容体について説明します（図8-9 A）。

　この受容体は、もともと正常な細胞に存在しており、「上皮成長因子（Epidermal Growth Factor：EGF）」と呼ばれる特定の物質が結合すると、細胞の増殖を促進するための情報が伝わります。

　がん細胞では、この受容体が過剰に存在しており、がん細胞の異常な増殖に関与しています。分子標的薬が標的とするのは、この受容体です。

　「ゲフィチニブ（商品名：イレッサ）」という、がん細胞の内部からEGFRに結合する薬や、「セツキシマブ（商品名：アービタックス）」や

第8章　倒すべきは自分由来の細胞

「パニツムマブ(商品名:ベクティビックス)」という、がん細胞の外部からEGFRに結合する薬があります(図8-9 B)。

どの薬もEGFRの情報伝達を阻害することにより、がん細胞の増殖を抑制し、ゲフィチニブは肺がんの、セツキシマブとパニツムマブは大腸がんの治療薬として用いられます(セツキシマブは頭頸部がんにも用いられる)。

なお、セツキシマブとパニツムマブは抗体の構造と機能をもつ「抗体薬」に分類されています。第3章で述べたように、抗体は本来、私たちの体を守る免疫システムの一部です。現在では、抗体を人工的に多量につくり出すことができ、医薬品として用いられるようになっています。

この2つの薬は、EGFRを抗原として認識する抗体というわけです。

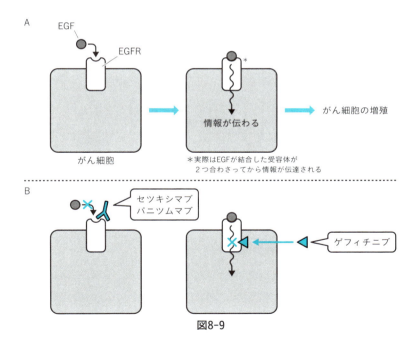

図8-9

ちなみに、抗体薬は注射により投与されます。

抗体はタンパク質なので消化酵素によって分解されてしまうため、経口投与は困難なのです。

　このようにEGFRという受容体（分子）に標的を絞り、その機能を阻害する分子標的薬が開発されています。

　なお、名前から連想されるようにEGFRは正常な皮膚の細胞にも存在するため、これらの薬の副作用として皮膚の障害（発疹・皮膚炎・乾燥・亀裂など）が高い頻度で生じる問題点もあります。

がんの栄養を遮断する薬

　さて、分子標的薬の例をもう一つ紹介しましょう。

　がん細胞は、２mm程度の大きさまでは周囲の組織から酸素や栄養素を取り込んで増殖します。

　しかし、さらに大きくなると、周囲の血管から新たな血管がつくり出され、がん細胞が成長するのに充分な酸素と栄養素が取り込まれます。

　これは「血管新生」と呼ばれています。

　この際、がん細胞は、血管を構成する細胞（内皮細胞）に存在する「血管内皮増殖因子受容体（Vascular Endothelial Growth Factor Receptor：VEGFR）」に向けて「血管内皮増殖因子（Vascular Endothelial Growth Factor：VEGF）」というタンパク質を放出します（図8-10 A, B）。

　VEGFがVEGFRに結合すると、内皮細胞に情報が伝わり、血管新生が起こるのです。

　分子標的薬の一種である「血管新生阻害薬」は、この血管新生を阻害し、がん細胞に必要な酸素や栄養素を不足させます。

　図8-10 Cに示したように、VEGFやVEGFRのはたらきを阻害する分子標的薬が開発されています。

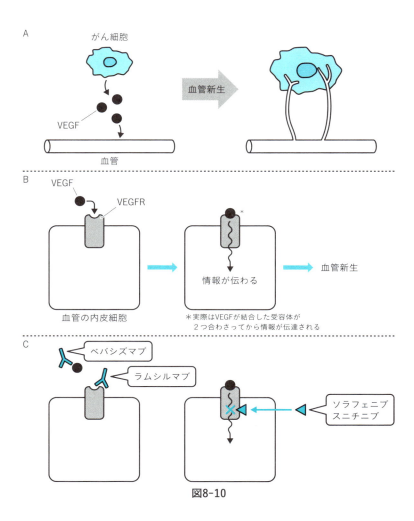

図8-10

上述のEGFRをはじめとして、がん細胞がもつ分子を標的にした分子標的薬は多くの種類が開発されていますが、この例のように、がん細胞が放出する分子（VEGF）や、がん細胞が利用する周囲の分子（VEGFR）をターゲットにしたものも開発されているのです。

5 | 免疫チェックポイント阻害薬

続いて、2014年に登場した「免疫チェックポイント阻害薬」という抗がん薬について説明します。この薬もまた、従来の抗がん薬とは異なるしくみではたらくため、新たな薬物治療の選択肢になっています。こちらにも、免疫細胞が深く関わっており、これを活用して新たな抗がん薬が開発されました。

免疫細胞の活動を抑える「検問」

まずは、免疫細胞とがん細胞の関係についてお話ししましょう。

免疫細胞は、外から侵入してきた異物や病原菌だけではなく、体内で発生したがん細胞にもはたらきかけます。

免疫細胞の一種である「T細胞」は、がん細胞を排除しようとします（図8-11 A）。

しかし、がん細胞はT細胞のはたらきにブレーキをかけるしくみをいくつかもっています。

その一つが、T細胞がもつ「PD-1（Programmed Cell Death 1）」という分子によるものです。T細胞のPD-1と、がん細胞がもつ「PD-L1（Programmed Cell Death–Ligand 1）」という分子が結合することにより、がん細胞を排除しようとするT細胞のはたらきにブレーキがかかるのです。

このように免疫細胞の働きを抑制する分子のことを、「免疫チェックポイント分子」と呼びます。この「チェックポイント」は「検問」を意味しています。PD-L1が、T細胞のはたらきを検問するわけですね。

このしくみを薬で阻害すれば、T細胞はブレーキをかけられることなく、がん細胞を攻撃してくれます。

免疫チェックポイント阻害薬と呼ばれている「ニボルマブ（商品名：オプジーボ）」「ペムブロリズマブ（商品名：キイトルーダ）」「アテゾリズマブ（商品名：テセントリク）」などの抗体薬は、PD-1もしくはPD-L1に結合して、そのはたらきを阻害します（図8-11 B）。

これらの薬は、直接がんを攻撃するわけではなく、もともと人に備わっている免疫システムを効果的にはたらかせる薬といえます。

なお、PD-1を発見し、この分野の研究によって新たな治療法の開発へと導いた本庶佑博士は、2018年のノーベル生理学・医学賞を受賞しています。

同時に、「CTLA-4（Cytotoxic T-lymphocyte Antigen 4）」という免疫チェックポイント分子を発見した免疫学者のジェームズ・アリソン博士が受賞しており、このCTLA-4に結合する免疫チェックポイント阻害薬も開発されています。

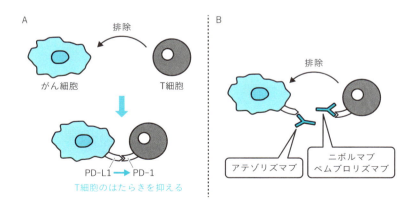

図8-11

最後に、免疫チェックポイント阻害薬の副作用についてお話しします。

　PD-L1は、がん細胞に特有のものではなく、正常な細胞ももっている分子です。つまり、自分の正常な細胞が免疫細胞によって攻撃されないためのものなのです。

　そんな重要な役割を担う分子にもかかわらず、正常細胞にも免疫チェックポイント阻害薬が結合してしまうため、T細胞が自身の正常細胞も攻撃してしまうのです。

　その結果、皮膚・消化管・肝臓・肺をはじめとして、体の多くの場所で炎症性の免疫反応が生じることが報告されています。

第 9 章

自分を守るはずの免疫が、病気の原因に

この章でわかること
- ☑ 自己免疫疾患を発症すると、体で何が起こるのか
- ☑ バセドウ病とその治療薬のしくみ
- ☑ 関節リウマチを治すには
- ☑ 「原因がわからない病気」へ薬ができること

1 自己免疫疾患とは

最後の章では、「自己免疫疾患」についてお話しします。

体内の免疫システムが、自分自身を攻撃してしまう病気です。

本来、免疫細胞や抗体をはじめとする免疫システムは、体外から侵入してきた病原体などの異物を排除するものでした（図9-1 A）。

自己免疫疾患は、自分の体の一部が異物として認識されてしまう病気といえます。

この病気に見られる特徴の一つとして、体を構成する特定の成分に対して抗体ができていることが挙げられます（図9-1 B）。

このような抗体を「自己抗体」と呼びます。

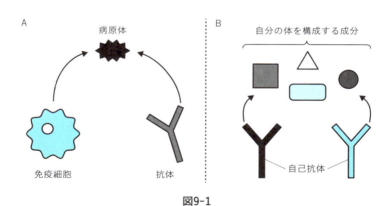

図9-1

自己抗体とそれによって引き起こされる病気

次の表に示すようにさまざまな自己免疫疾患が知られており、病気ごと

に関連する自己抗体が産生されています。

しかし、自分自身に対する抗体がなぜできてしまうのかは、よくわかっていません。

自己抗体がどのようにして病気を引き起こすのかさえ、不明なこともあります。

自己免疫疾患	おもな自己抗体
関節リウマチ	抗CCP抗体、リウマトイド因子
全身性エリテマトーデス（SLE）	抗ds-DNA抗体、抗Sm抗体
シェーグレン症候群	抗SS-A抗体、抗SS-B抗体
抗リン脂質抗体症候群	抗リン脂質抗体
自己免疫性溶血性貧血	抗赤血球抗体
橋本病（慢性甲状腺炎）	抗サイログロブリン抗体
バセドウ病（グレーブス病）	抗TSH受容体抗体
１型糖尿病	抗膵島細胞抗体
悪性貧血	抗内因子抗体、抗壁細胞抗体
重症筋無力症	抗アセチルコリン受容体抗体

第5章で述べた１型糖尿病も、じつは自己免疫疾患に分類されます。

膵臓に存在する成分に自己抗体ができ、インスリンが分泌されなくなってしまうのです（ただし、自己抗体が証明できない「特発性」の１型糖尿病の場合もあります）。

本章では、自己免疫疾患の中でも、よく知られている「バセドウ病」と「関節リウマチ」に絞って説明していきます。併せて、これらの病気に使われる薬のしくみも紹介します。

2 | バセドウ病

　それではバセドウ病について見ていきましょう。これは「グレーブス病」とも呼ばれ、とくに20〜40代の女性に多い病気です。

　この病気で問題になるのは、喉にある「甲状腺」という臓器です。ここからは新陳代謝を促進する「甲状腺ホルモン」が放出されます。放出後は全身の臓器に作用し、栄養素を有効に使ったり、心拍数を増加させたり、子どもの成長・発育を促したりする役割をもつ、重要なホルモンです。

　このホルモンの分泌は、脳の視床下部という部位と、下垂体という器官によって調節されています（図9-2）。

　視床下部から出た指令は下垂体に伝わり、そこから「甲状腺刺激ホルモン（TSH：Thyroid–Stimulating Hormone）」が分泌されます。

　甲状腺刺激ホルモン（以下TSH）が甲状腺に作用することにより情報が伝達され、甲状腺ホルモンが分泌されるのです。

　具体的には、「チロキシン（T_4）」と「トリヨードチロニン（T_3）」と呼ばれる甲状腺ホルモンが分泌されています。Tの後の数字は、甲状腺ホルモンの構造に含まれているヨウ素原子（I）の数を表しています。

　ちなみに、私たちはヨウ素を食物と水から体内に取り込んでいます。多くは小腸からヨウ化物イオン（I^-）というミネラルとして吸収され、甲状腺ホルモンをつくるために使われているのです。

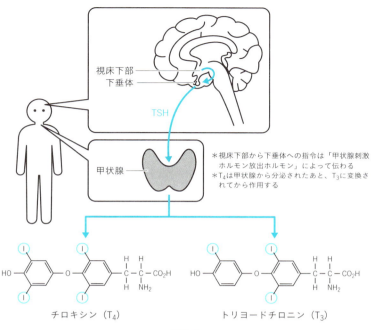

図9-2

発症した体の中で起こっていること

　バセドウ病患者の甲状腺では、甲状腺ホルモンが過剰に分泌されています。

　私たちの体のはたらきや成長を活発にする甲状腺ホルモンが過剰に分泌されると、さまざまな症状が生じてしまいます。

　頻脈・首の腫れ（甲状腺の腫れ）・眼球突出が代表的な症状であり、その他にも食欲亢進・多汗・精神的高揚・高血圧・手のふるえ・体重減少・下痢・全身倦怠感・無月経・筋力低下などの症状も現れます。

　さて、TSHは、甲状腺に存在する「TSH受容体」に作用することによって、甲状腺ホルモンの分泌を促します（図9-3 A）。この過剰な分泌は、「抗

TSH受容体抗体」が生じていることが原因です。これは、TSH受容体に対してつくられた抗体です。

この抗体がバセドウ病に見られる自己抗体です。これがTSH受容体を刺激することにより、甲状腺ホルモンが過剰に分泌されてしまうというわけです。

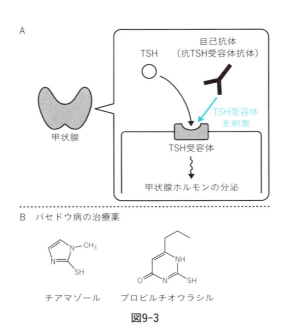

図9-3

バセドウ病の治療には、「チアマゾール（商品名：メルカゾール）」もしくは「プロピルチオウラシル（商品名：プロパジール、チウラジール）」という薬が使われます（図9-3 B）。

これらの治療薬は、甲状腺ホルモンの分泌量を抑えることが可能です。

そのしくみは、甲状腺の内部で甲状腺ホルモンがつくられるのを邪魔するものです。

まずは、どのようにして甲状腺ホルモンがつくられているのか見てみましょう（図9-4）。

はじめに「チログロブリン」という、おもにタンパク質から成る物質がヨウ素と結合します（①）。

この際、「甲状腺ペルオキシダーゼ」という酵素が、甲状腺内に取り込まれたヨウ化物イオンを活性化するとともに結合に導き、この段階の反応を促します。

チログロブリンには、ベンゼン環と呼ばれる六角形の部分（p.27参照）にヒドロキシ基（−OH）が結合した構造aが含まれており、この構造1つに対してヨウ素原子が1個か2個結合します。

その後、これらの構造が2つ分組み合わさった後（②）で、チログロブリンから切り出されて甲状腺ホルモンであるT_3とT_4ができあがります（③）。

②の段階の反応も、甲状腺ペルオキシダーゼによって促されます。

なお、チログロブリンに含まれている構造aは、じつはアミノ酸の一種である「チロシン」の一部です。

図9-2に示したT_3とT_4の構造式にはチロシンの構造が含まれていることが確認できると思います。甲状腺ホルモンは、アミノ酸とヨウ化物イオンからできているというわけです。

さて、薬の話に戻りましょう。

バセドウ病の治療薬であるチアマゾールとプロピルチオウラシルは、甲状腺ホルモンの合成に必須である甲状腺ペルオキシダーゼを阻害します。

甲状腺ホルモンの過剰な分泌を抑えるために、これらホルモンが合成されるのを邪魔するわけです。

バセドウ病を引き起こす自己抗体がなぜつくられてしまうのか、その原因ははっきりとはわかっていません。

とはいえ、生じた自己抗体により甲状腺ホルモンが過剰に分泌されてしまうことはわかっているため、それに対処する薬を用いることによりホルモン値を正常に保つことが可能なのです。

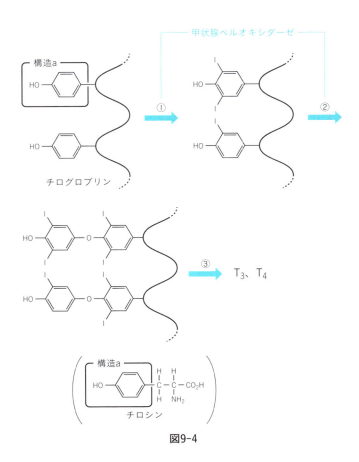

図9-4

3 関節リウマチ

　本節で話す関節リウマチは、バセドウ病と比較すると不明な点が多くある病気です。

　その点に注目して見ていきましょう。

　関節リウマチは、国内だけで患者数が約70万人を超える自己免疫疾患です。おもな症状としては、手首や膝、指の関節が腫れて痛むことが挙げられます。進行すると関節部分の骨が溶けて、関節が破壊されてしまいます。

　この病気は、自身がもつ免疫システムが活性化することにより、関節にある「滑膜」という部分に炎症が生じます（図9-5 A）。

　滑膜は、関節を滑らかに動かすための関節液や栄養分を供給するものです。ここが炎症を起こして増殖し、腫れ上がってしまうため、関節に異常が生じるというわけです。そして、図に示したように、やがて滑膜が軟骨と骨を蝕んでいきます。

リウマチのメカニズム

　この際に何が起こっているのか、さらにくわしく見ていきましょう（図9-5 B）。

　まず、免疫細胞が活性化され、情報を伝達するための種々の物質が放出されます。

　具体的には、炎症にかかわる物質である「腫瘍壊死因子α（Tumor Necrosis Factor-α，TNF-α）」や「インターロイキン6（interleukin 6, IL-6）」などが挙げられます。

また、滑膜を構成する「滑膜細胞」が増殖することにより、滑膜が腫れ上がります。
　これらの過程が複雑に関与し合い、軟骨と骨の破壊が進行します。
　軟骨の破壊には、滑膜細胞が放出するタンパク質を分解する酵素「マトリックスメタロプロテアーゼ-3（Matrix Metalloproteinase-3：MMP-3）」という酵素が関わり、骨の破壊には、骨を壊す「破骨細胞」の活性化が関わっています。

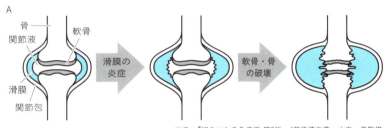

出典：『好きになる免疫学 第2版』（萩原清文著、山本一彦監修、講談社、2019）p.195をもとに著者作成

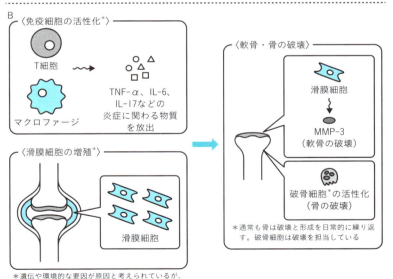

図9-5

リウマチの診断方法

　さて、関節リウマチでは、自己免疫疾患に分類されていることからわかるとおり、自己抗体が産生されています。

　「リウマトイド因子」は古くに見つかっており（1948年報告）、IgG抗体のYの字の下側の部分に対してできる自己抗体です（図9-6）。

　名前のとおり、関節リウマチと関連性があり、この自己抗体により診断は可能ですが、他の自己免疫疾患においても産生されているため、確実とは言えませんでした。

　その後、関節リウマチ患者には、「環状シトルリン化ペプチド（CCP）」と呼ばれる人工的につくられた物質に結合する自己抗体（抗CCP抗体）が存在することがわかってきました。

　ただし、リウマトイド因子と比べると、この自己抗体は検査の感度が低いという欠点があります。

　そのため、関節リウマチの診断は、これら自己抗体だけでなく炎症や関節の状態、病気にかかっている期間を組み合わせて総合的に行なわれます。

手がかりから治療法を突き止める

　それでは、関節リウマチの治療薬についてお話ししましょう。

　関節リウマチの治療は免疫系の能力を下げることで対応します。世界的に1980年代後半から使われてきたのは、第8章で抗がん薬として登場したメトトレキサートです。低用量であれば効果を示すことがわかり、治療に使われるようになりました。

　ヌクレオチド（DNAの材料）の合成を阻害することにより、免疫に関わる細胞や滑膜細胞の増殖を抑制し、関節リウマチの進行を遅くすることが可能になりました。

2000年代初頭になると、炎症性サイトカインのはたらきを阻害する抗体薬である「インフリキシマブ（商品名：レミケード：TNF-αのはたらきを阻害）」や「トシリズマブ（商品名：アクテムラ：IL-6のはたらきを阻害）」などが用いられるようになりました。
　これらの薬の登場により、かつては進行を抑えるだけだった関節リウマチが、日常生活に支障がなくなるまで快復することを目指せるようになったのです。

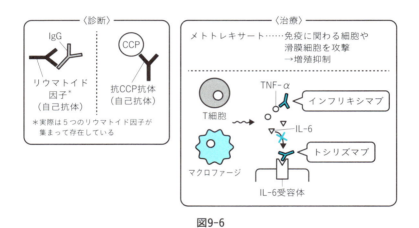

図9-6

　前節で話したバセドウ病と比べると、関節リウマチは、依然としてよくわかっていないことが多い病気です。
　それでも、病気との因果関係が明確ではない自己抗体という状況証拠を足掛かりとして診断を行ない、関節に対して過剰な反応をしている免疫細胞の活動を薬で抑えて治療することができるのです。

〈おわりに〉

この本を読んで、薬が効くしくみが見えてきたでしょうか?

私たちの体は原子や分子でできており、タンパク質が重要な役割を占めていました。そのタンパク質に、薬が作用していました。

人間の体はとても複雑で、この本の中では説明しきれなかったことがたくさんあります。

人類は、そんな複雑な体の中ではたらく薬を開発し、病気を治すことを試みてきました。細菌やウイルスという病気の原因を排除する薬を、原因がわからない病気であれば、その症状を抑える薬をつくってきたのです。

さて、私は現在、執筆業に専念していますが、以前は薬に関連する仕事に従事していたことがあります。製薬会社で薬の研究を行なったり、薬学部の大学教員として研究・教育に取り組んだりしていました。

そんな私からすると、製品として使われている医薬品が、皆さんとは違って見えているかもしれません。一つひとつの薬が、開発に必要な数々の試練を乗り越えてきた逸品に見えるのです。

開発の過程には、人類の長い歴史の中で積み上げられた化学や生物をはじめとするさまざまな学問の知識が総動員されています。薬は、目に見えないほど小さな分子でできていますが、そのような膨大なものが詰まっている、尊いものだと私は思っています。

なお、積み上げられてきたものは、学問の知識だけではありません。

開発の現場である製薬企業では、研究に没頭し、自身の会社から医薬品を世に出すことに挑み続け、叶うことのなかった数多くの研究者たちがいるでしょう。薬候補の分子に焦点を当ててみると、望む効果が得られなかったり、副作用が強過ぎたりして、日の目を見ることがなかった数多の分子があります。

また、開発の最終段階である臨床試験に協力してくださった人たちもたくさんいます。

　そういった幾多の思いが詰まって、薬局やドラッグストアで手にする医薬品ができるのです。

　さらに、大学・研究所・企業などで用いられた、数えきれない実験動物たちもいます。

　多くの生命の犠牲と、長年の研究の歴史が詰まったものが医薬品である。そう解釈しております。

　本書によって皆様が、この本のテーマである「薬が効くしくみ」に興味をもち、生活の中で役立てていたければ幸いです。

　そして、差し出がましいようですが、私が感じているような、医薬品ができるまでに積み上げられてきたものを感じてもらえたら嬉しいです。

　今回、この本が完成に至ったのは、「薬のしくみを知りたい！」という強い意志のもと依頼してくださった編集者の朝倉陸矢様の尽力がありました。

　朝倉様をはじめとするダイヤモンド社の皆様、科学的事実についてのご指摘をいただいた『RikaTan（理科の探検）』誌委員有志（小川智久・左巻健男・左巻恵美子・シ・田中一樹・谷本泰正・平賀章三・藤牧朗・嶺山幾英・安居光國）の皆様、および、本書の作成に関わってくださった多くの方々に深く感謝申し上げます。

2024年8月　山口 悟

【参考文献】

『新・現代免疫物語 「抗体医薬」と「自然免疫」の驚異』（岸本忠三・中嶋彰著、講談社、2009）

『入門人体解剖学 改訂第5版』（藤田恒夫著、南江堂、2012）

『新薬に挑んだ日本人科学者たち 世界の患者を救った創薬の物語』（塚崎朝子著、講談社、2013）

『イラストでまなぶ薬理学 第3版』（田中越郎著、医学書院、2016）

『シンプル生理学 改訂第7版』（貴邑冨久子・根来英雄著、南江堂、2016）

『NEW薬理学 改訂第7版』（田中千賀子・加藤隆一・成宮周編、南江堂、2017）

『いちばんやさしい薬理学』（木澤靖夫監修、成美堂出版、2017）

『世界を救った日本の薬 画期的新薬はいかにして生まれたのか？』（塚﨑朝子著、講談社、2018）

『ラング・デール薬理学 原著8版』（H. P. Rang・J. M. Ritter・R.J. Flower・G. Henderson 著、渡邊直樹監訳、丸善出版、2018）

『好きになる免疫学 第2版』（萩原清文著、山本一彦監修、講談社、2019）

『OTC医薬品の比較と使い分け』（児島悠史著、坂口眞弓監修、羊土社、2019）

『くすりに携わるなら知っておきたい！ 医薬品の化学』（高橋秀依・夏苅英昭著、じほう、2019）

『カラー図解 分子レベルで見た薬の働き なぜ効くのか？ どのように病気を治すのか？』（平山令明著、講談社、2020）

『ダンラップ・ヒューリン創薬化学』（N. K. Dunlap・D. M. Huryn著、長野哲雄監訳、東京化学同人、2020）

『バイオ医薬 基礎から開発まで』（石井明子・川西徹・長野哲雄編、東京化学同人、2020）

『イラストで理解するかみくだき薬理学 改訂2版』（町谷安紀著、南山堂、2020）

『薬がみえる vol.1 第2版』（医療情報科学研究所編、メディックメディア、2021）

『薬局OTC販売マニュアル 臨床知識から商品選びまで分かる』（鈴木伸悟著、日経ドラッグインフォメーション編、日経BP、2021）

『現場で役に立つ！ 臨床医薬品化学』（臨床医薬品化学研究会編、化学同人、2021）

Newton別冊『くすりの科学知識　改訂第3版』（掛谷秀昭監修、ニュートンプレス、2021）

『好きになる薬理学・薬物治療学』（大井一弥著、講談社サイエンティフィク、2022）

『治療薬ハンドブック2023　薬剤選択と処方のポイント』（堀正二・菅野健太郎・門脇孝・乾賢一・林昌洋編、じほう、2023）

『今日の治療薬2023　解説と便覧』（川合眞一・伊豆津宏二・今井靖・桑名正隆・北村正樹・寺田智祐著、南江堂、2023）

『薬がみえる　vol.3　第2版』（医療情報科学研究所編、メディックメディア、2023）

『薬がみえる　vol.2　第2版』（医療情報科学研究所編、メディックメディア、2023）

『薬の基本とはたらきがわかる薬理学』（柳田俊彦編、羊土社、2023）

＊各々の章でとくに参考にした書籍は以下に示す。

第2章

『痛みの考えかた　しくみ・何を・どう効かす』（丸山一男著、南江堂、2014）

『増補改訂新版　痛みと鎮痛の基礎知識』（小山なつ著、技術評論社、2016）

『薬がみえる　vol.4』（医療情報科学研究所編、メディックメディア、2020）

『その病気、市販薬で治せます』（久里建人著、新潮社、2021）

第4章

『微生物薬品化学　改訂4版』（上野芳夫・大村智監修、田中晴雄・土屋友房編、南江堂、2003）

『レーニンジャーの新生化学［上］第6版　生化学と分子生物学の基本原理』（David L. Nelson・Michael M. Cox著、川嵜敏祐監修、中山和久編、廣川書店、2015）

『レーニンジャーの新生化学［下］第6版　生化学と分子生物学の基本原理』（David L. Nelson・Michael M. Cox著、川嵜敏祐監修、中山和久編、廣川書店、2015）

『図解入門　よくわかる最新抗菌薬の基本としくみ　第2版』（深井良祐・中尾隆明著、秀和システム、2020）

第5章

『新薬スタチンの発見　コレステロールに挑む』（遠藤章著、岩波書店、2006）

『AGEsと老化　―糖化制御からみたウェルエイジング―』（太田博明監修、山岸昌一編、メディカルレビュー社、2013）

『くすりのかたち　もし薬剤師が薬の構造式をもう一度勉強したら』（浅井考介・柴田奈央著、南山堂、2013）

『欧米人とはこんなに違った　日本人の「体質」　科学的事実が教える正しいがん・生活習慣病予防』（奥田昌子著、講談社、2016）

『創薬科学入門　改訂2版　薬はどのようにつくられる？』（佐藤健太郎著、オーム社、2018）

『病気がみえる　vol.3　糖尿病・代謝・内分泌　第5版』（医療情報科学研究所編、メディックメディア、2019）

第6章

『天然医薬資源学　第2版』（竹田忠紘・吉川孝文・高橋邦夫・斉藤和季編、廣川書店、2002）

『資源天然物化学』（秋久俊博・小池一男・木島孝夫・羽野芳生・堀田清・増田和夫・宮澤三雄・安川憲著、共立出版、2002）

『ピロリ菌　日本人6千万人の体に棲む胃癌の元凶』（伊藤愼芳著、祥伝社、2006）

『薬局ですぐに役立つ薬の比較と使い分け100』（児島悠史著、羊土社、2017）

『胸やけ、ムカムカ、吐き気、胃痛、げっぷ……　それ全部、逆流性食道炎です』（関洋介著、アスコム、2020）

『胃は歳をとらない』（三輪洋人著、集英社、2021）

第7章

『精神科の薬について知っておいてほしいこと　作用の仕方と離脱症状』（J.モンクリフ著、石原考二・松本葉子・村上純一・高木俊介・岡田愛訳、日本評論社、2022）

『本当にわかる精神科の薬はじめの一歩　改定第3版』（稲田健編、羊土社、2023）

『疲労とはなにか　すべてはウイルスが知っていた』（近藤一博著、講談社、2023）

『精神科の薬がわかる本　第5版』（姫井昭男著、医学書院、2024）

第 8 章

『分子細胞生物学』（Gerald Karp著、山本正幸・渡辺雄一郎監訳、東京化学同人、2000）

『メディシナルケミストリー』（Graham L. Patrick著、北川勲・柴崎正勝・富岡清監訳、丸善出版、2003）

『最新版　がんのひみつ』（中川恵一著、朝日出版社、2013）

『「がん」はなぜできるのか　そのメカニズムからゲノム医療まで』（国立がん研究センター研究所編、講談社、2018）

『レシピプラス　Vol.19 No.1　おさらい！「がん」の基本　がん関連処方に備える、患者さんを支える』（宮田佳典編、南山堂、2020）

『がんがみえる』（医療情報科学研究所編、メディックメディア、2022）

『「がん」はどうやって治すのか　科学に基づく「最新の治療」を知る』（国立がん研究センター編、講談社、2023）

第 9 章

『図解　甲状腺の病気がよくわかる最新治療と正しい知識』（伊藤公一・高見博監修、日東書院本社、2012）

『手指の痛み・変形・リウマチ　慶應義塾大学医学部の名医陣が教える最高の治し方大全』（金子祐子・齋藤俊太郎編、文響社、2023）

『医学のあゆみ　Vol.288 No.5　膠原病のすべて』（藤尾圭志企画、医歯薬出版、2024）

[著者]

山口 悟 (やまぐち・さとる)

1984年、神奈川県生まれ。
北里大学薬学部を卒業し、薬剤師の資格を取得。
東京工業大学大学院博士課程を単位取得退学後、博士（理学）の学位を得る。専門は有機化学。
製薬会社の研究員として医薬品の製造研究に従事したのち、薬学部の大学教員として有機化学
の研究・教育を行なう。その後、サイエンスライターに転身。
著書に『身のまわりのありとあらゆるものを化学式で書いてみた』『ノーベル化学賞に輝いた
研究のすごいところをわかりやすく説明してみた』（ともにベレ出版）がある。

「なぜ薬が効くのか？」を超わかりやすく説明してみた

2024年9月17日　第1刷発行

著　者————山口 悟
発行所————ダイヤモンド社
　　　　　　　〒150-8409　東京都渋谷区神宮前6-12-17
　　　　　　　https://www.diamond.co.jp/
　　　　　　　電話／03·5778·7233（編集）　03·5778·7240（販売）

カバーデザイン——中ノ瀬祐馬
本文デザイン・図版制作——明昌堂
イラストレーション——加納徳博
DTP————明昌堂、ダイヤモンド・グラフィック社
校正————円水社
製作進行————ダイヤモンド・グラフィック社
印刷————勇進印刷
製本————ブックアート
編集担当————朝倉陸矢

©2024 Satoru Yamaguchi
ISBN 978-4-478-11754-5
落丁・乱丁本はお手数ですが小社営業局宛にお送りください。送料小社負担にてお取替えいたし
ます。但し、古書店で購入されたものについてはお取替えできません。
無断転載・複製を禁ず
Printed in Japan

◆ダイヤモンド社の本◆

『Newton2021年9月号』科学の名著100冊に選出！

「化学」は、地球や宇宙に存在する物質の性質を知るための学問であり、物質同士の反応を研究する学問である。火、金属、アルコール、薬、麻薬、石油、そして核物質…。化学はありとあらゆるものを私たちに与えた。本書は、化学が人類の歴史にどのように影響を与えてきたかを紹介する。

絶対に面白い化学入門
世界史は化学でできている
左巻健男[著]

●四六判並製●定価(本体1700円＋税)

https://www.diamond.co.jp/

◆ダイヤモンド社の本◆

19万部突破のベストセラー。
外科医が語る驚くべき人体のしくみ。

人体の構造は美しくてよくできている。人体の知識、医学の偉人の物語、ウイルスの発見やワクチン開発のエピソード、現代医療の意外な常識などを紹介。人体の素晴らしさ、医学という学問の魅力を紹介する。坂井建雄氏（解剖学者、順天堂大学教授）推薦！

すばらしい人体
あなたの体をめぐる知的冒険
山本健人[著]

●四六判並製●定価（本体1700円＋税）

https://www.diamond.co.jp/

◆ダイヤモンド社の本◆

ふるえるくらいに美しい
生命のしくみ。

出口治明氏、養老孟司氏、竹内薫氏、山口周氏、佐藤優氏、推薦‼ 生物とは何か、生物のシンギュラリティ、動く植物、大きな欠点のある人類の歩き方、遺伝のしくみ、がんに進化する、一気飲みしてはいけない、花粉症はなぜ起きる、iPS細胞とは何か…。最新の知見を親切に、ユーモアたっぷりに、ロマンティックに語る。あなたの想像をはるかに超える生物学講義！ 全世代必読の一冊‼

若い読者に贈る美しい生物学講義
感動する生命のはなし
更科功［著］

●四六判並製●定価(本体1600円＋税)

https://www.diamond.co.jp/